KB269030

색다른
지구여행

옮긴이 강혜정

서울대 동양사학과를 졸업하고 출판사 기획, 편집 업무를 거쳐 현재 전문번역가로 활동 중이다. 옮긴 책으로는
《이탈리안 조이》《평생 잊을 수 없는 여행지40》《자본주의의 아킬레스건》《에비에이터 하워드 휴즈》등이 있다.

색다른 지구여행

지은이 스티브 와킨스 · 클레어 존스
옮긴이 강혜정
펴낸이 안용백
펴낸곳 넥서스BOOKS

초판 1쇄 인쇄 2007년 10월 20일
초판 1쇄 발행 2007년 10월 25일

출판신고 2001년 6월 28일 제311-2002-000003호
121-840 서울시 마포구 서교동 394-2
Tel (02)330-5500 Fax (02)330-5555
ISBN 978-89-5797-303-5 13980

가격은 뒤표지에 있습니다.

잘못 만들어진 책은 바꾸어드립니다.

www.nexusbook.com

색다른 지구여행

스티브 와킨스 · 클레어 존스 지음 | 강혜정 옮김

넥서스BOOKS

CONTENTS

천릿길도 한 걸음부터라는 말이 있다. 하지만 이제는 그것도 다 옛말이 된 것 같다. 지금은 문을 열고 나가 직접 발걸음을 떼지 않고도, 마우스 클릭 한 번으로 여행을 시작할 수 있는 세상이다. 각종 매체를 통해 다양한 여행 관련 보도를 접할 수 있고, 인터넷의 보급으로 여행정보 수집이 한결 쉬워졌기 때문이다. 따라서 우리는 안락한 방 안에 앉아서도 원하는 어떤 곳이든 보고 즐길 수 있게 되었다.

좀처럼 여행할 여유가 나지 않는 사람이라면 타인의 눈과 입을 통해 세상을 바라보는 것 역시 여행을 하는 하나의 좋은 방법이 될 것이다. 하지만 아무리 웹서핑을 많이 하고 잡지나 책, 신문, 텔레비전 등을 통해 여행을 간접적으로 즐긴다고 해도 한계는 분명 있다. 직접 짐을 꾸려 여행을 떠났을 때 느끼는 생동감과 흥분은 그 무엇으로도 대신할 수 없기 때문이다.

목적지가 어디든 직접 가서 보고 체험했을 때의 느낌은 출발 전 막연히 생각했던 것보다 훨씬 강렬하다. 남극 탐험 도중 빙산을 만났다가 가까스로 살아난 섀클턴Shackleton과 인듀어런스Endurance 호 대원들의 전설적인 이야기를 생생하게 느끼기 위해 남극해의 얼음 속을 항해한다고 생각해보라. 지구상에 얼마 남지 않은 마운틴고릴라를 만나기 위해 르완다의 깊은 정글 속으로 들어가는 것 역시 마찬가지다. 그 어떤 사진도 짙푸른 빙하를 따라 휘몰아치는 강풍과 정신이 번쩍 날 만큼 서늘한 냉기를 담아낼 수는 없다. 또한 그 어떤 영상도 갓 태어난 새끼를 품에 안은 암컷 고릴라의 경이로움을 생생하게 불러일으키지는 못한다.

우리는 이 책을 이미 서점에 나와 있는 수많은 그저 그런 '여행안내서' 중 하나로 만들고 싶지는 않았다. 그래서 차별화된 감동을 전달하려고 부단히 노력했다. 실제 현장에 있는 것만은 못해도 하나같이 박제화되어 있는 여행정보 책자 수준을 넘어 있는 그대로의 생생함을 전하기 위해 애썼다. 부디 이 책이 유쾌한 자극과 영감을 선사해 당신을 독특한 여행의 세계로 이끌어줄 수 있기를 바란다. 그리고 천편일률적인 휴가 대신 조금은 색다른 휴가를 계획하고 마침내는 과감하게 도전할 수 있게 되기를 바란다. 이 책에서 소개하는 여행들은 유별나고 독특한 소수의 사람들만이 할 수 있는 것이 결코 아니다. 약간의 시간과 돈만 있으면 누구라도 할 수 있는 것이다.

책을 쓰기 위해 사전 조사를 하고 구체적인 여행 계획을 세우고, 그리고 실제로 여행을 하는 과정은 무척 힘들었다. 그러나 그만큼 보람 있는 경험이기도 했다. 여행 도중 우리는 많은 사람들을 만났다. 어쩌면 당신 역시 우리가 소개하는 이색체험여행 중 몇 가지는 이미 경험했을지도 모른다. 그리고 이 책에 소개되지는 않았지만 저마다 선호하는 여행지가 있을 것이다. 우리가 여행 도중 만난 사람들도 그랬다. 가끔은 그들과 여행지에 대해 열띤 토론을 벌이기도 했다. 이를 통해 여행을 좋아하는 사람들 특유의 모험심과 탐험에 대한 인간 본연의 갈망을 엿볼 수 있는 귀중한 기회를 가질 수 있었다.

그리고 야생생태계가 처한 절박한 현실과 인간의 보존책임에 대한 관심이 점점 커지고 있다는 사실도 실감했다. 많은 사람들이 지구가 얼마나 많이 훼손되었는지, 그리고 이처럼 연약하고 아름다운 야생생태계를 보호할 책임이 얼마나 큰지 깨닫고 있었다. 관광 때문에 누구나 보고 싶어 하는 아름다운 생태계가 위기에 처한다면 그런 여행에 찬성할 수 없는 노릇이다. 전에 없이 많은 사람들이 전 세계 곳곳으로 여행을 떠나는 그런 시대가 되었다. 따라서 생태계 보존을 위한 관리와 통제도 강화될 수밖에 없다. 여행자들은 이를 기꺼이 받아들이고 실천해야 한다. 다행히 정부기관이나 관광업에 종사하는 사람들이 환경보호와 '평생 잊을 수 없는 체험의 제공' 사이에서 적절한 균형을 유지하기 위해 열심히 노력하고 있다. 여행자들 또한 각자 자신 몫의 책임을 나누려는 유연하고 너그러운 자세를 가져야 할 것이다.

어쩌면 기대했던 사자나 북극곰을 보지 못해 비싼 여행이 제값을 못했다고 투덜대거나 실망할 수도 있다. 하지만 여행 전 장담했던 풍경이나 경험을 당장 만들어내라고 다그치지는 말자. 관광가이드에게 부담을 주게 되면 결국 환경기준을 어기도록 내모는 격이 된다. 따라서 여행자들의 행동은 매우 중요하며 이는 곧 자연환경과 생태계에 실질적인 영향을 미친다. 여행에서 중요한 것은 과정, 즉 육체적 · 정신적 여행의 과정 그 자체라는 것을 결코 잊어서는 안 될 것이다.

이 책에는 이미 널리 알려진 곳 뿐만 아니라 상대적으로 인지도가 떨어지는 곳까지 다양한 이색체험여행이 소개되어 있다. 미국대륙 횡단도로인 66번 도로Route 66나 사도 야고보가 복음을 전파하기 위해 걸었던 산티아고 가는 길Camino de Santiago 등은 이미 많은 사람들이 알고 있는 여정이다. 반면 스웨덴 북부의 사미Sámi 족과 함께 순록의 이동경로를 따라가는 일이나 보츠와나 오카방고Okavango 삼각주에서 말을 타고 즐기는 사파리 여행 등은 잘 알려지지 않은 것이다.

널리 알려진 곳이라 해서 감동이 큰 것도, 유명하지 않다고 해서 감동이 덜 한 것도 아니다. 가만히 과거의 기억을 더듬어보면 오히려 잘 알려지지 않은 곳에서의 경험이 더 선명하게 떠오르곤 한다. 파타고니아의 만년설 위에서 맞이했던 일출은 어떠했는가. 사나운 바람이 작은 텐트를 두드리는 소리에 잠이 깼다. 사실 무시해도 좋을 정도의 알람소리였는데 말이다. 눈은 떴지만 따뜻한 침낭에서 빠져나오는 건 쉽지 않았던 탓에 텐트 밖으로 머리만 삐죽 내밀어보았다. 그때 내 눈앞에 펼쳐지던 장엄한 일출이란! 피츠 로이 마시프Fitz Roy Massif 산괴의 뾰족한 화강암 봉우리들 사이에서 다채로운 빛들이 현란하게 춤을 추고 있었다. 워낙 짧은 순간에 끝나버리는 놓치기 쉬운 광경이라 잠을 깨워준 바람소리가 고맙기 그지없었다.

여행을 하다보면 수많은 사람을 만나게 되고 그들과 소중한 대화를 나눌 기회를 갖게 된다. 그 중에서도 유독 기억에 남는 사람들이 있다. 남극에서 만난 한 사람은 이미 8년 전에 3개월밖에 살지 못한다는 시한부선고를 받았다고 했다. 하지만 그는 여전히 살아 있고 지금도 자신의 운명과 싸워 병을 극복할 방법을 찾고 있다. 그동안 막연히 꿈꾸었던 일을 하나도 빠뜨리지 않고 해보고 싶었다는 그는 그래서 남극여행을 결심하게 되었다고 했다. 캐나다에서 만난 한 여성은 처칠Churchill에서 위니펙Winnipeg까지 이틀이나 걸리는 기차여행을 하고 있었다. 비행기를 타지 않고 힘든 기차 여행을 택한 이유를 묻자, 오래전 어머니의 여정을 그대로 밟아보기 위해서라고 했다. 우리는 이렇듯 여행을 통해, 그리고 사람들을 통해 인생을 배우는 행운을 얻는다.

'누추해도 내 집이 최고'라는 말이 있다. 이 말처럼 집을 떠난 여행이란 누구에게나 항상 만만치 않은 일이다. 하지만 우리가 경험한 여행은 인간적이고 도전정신이 가득하며 뿌듯한 성취감을 느낄 수 있는 그런 여행이었다. 어니스트 섀클턴이 인듀어런스 호의 돛을 달고 남극탐험을 떠나던 그 시절처럼.

스티브 와킨스, 클레어 존스

말 타고 즐기는 사파리

보츠와나 오카방고 삼각주

저녁 무렵 홍수로 물이 범람한 초원 위를 말을 타고 지나는 모습

보츠와나에 위치한 광활한 오카방고 삼각주Okavango Delta. 이곳에서 말을 타고 홍수로 불어난 물속을 거닐며 야생동물을 관찰해보자. 세상에서 가장 신나는 체험이 될 것이다. 코끼리나 기린 무리는 물론, 짝을 지어 어슬렁거리는 사자들을 만날 수도 있다.

사파리란 동물원과 같은 인공공간이 아닌 자연 속에서 직접 야생동물을 관찰하는 '원정여행' 을 말한다. 일반적으로 우리는 자연 그대로의 모습을 볼 수 있다는 점에서 말을 타고 보는 것 이나 차를 타고 보는 것에 별반 차이가 없을 것으로 생각한다. 게다가 차량을 이용한 사파리 가 훨씬 보편적이기도 하다. 하지만 이 둘에는 분명 차이가 있다. 말을 타고 있으면 구경꾼이 아니라 스스로 자연의 일부가 되기 때문이다. 따라서 흥분과 짜릿함이 배가될 수밖에 없다. 잠시나마 수렵채집을 하며 살던 선사시대 조상들의 원초적인 열기와 흥분을 경험할 수 있을 것이다.

말을 타고 느릿느릿 삼각주의 얕은 물속을 거니는 경험은 짜릿함 그 자체다

아프리카에서 사파리 여행을 즐길 만한 곳은 꽤 많다. 그러나 그 중에서
도 보츠와나의 오카방고 삼각주 지역은 단연 손꼽히는 곳이다. 다른 곳에 비
해 사람의 손이 덜 탄 곳이다 보니 대형 야생동물들이 많기 때문이다. 수백
마리의 코끼리를 필두로 사자, 치타, 표범, 들개, 기린, 하마 등 말하자면 '스
타급' 동물들이 배회하는 모습을 쉽게 볼 수 있다. 물론 몸집이 작은 '조연
급' 동물들도 곳곳에서 등장한다.

보츠와나는 해안이 없이 육지로만 둘러싸인 나라다. 오카방고 삼각주는
북부에 위치한 도시 마운Maun의 서쪽, 쿠방고Cubango 강과 쿠이토Cuito 강이
합류하는 지점에 있다. 이 두 강은 앙골라의 고지대에서 흘러와 이곳에서 합
쳐져 오카방고 강을 이룬다. 평지에 다다르면 강의 유속은 급속히 낮아져 거
의 기어가는 속도가 되는데 힘을 잃은 물줄기가 수많은 얕은 개울을 이루면

서 부챗살 모양으로 퍼진다. 덕분에 반사막 지대에 초목이 무성하게 자라 야생동물들이 살기 좋은 마른 땅의 낮은 섬들이 군데군데 형성되었다. 이들 저지대 섬에 마카투Macatoo 캠프를 비롯한 고급 사파리 캠프들이 들어서 있다. 사파리 캠프는 광활한 삼각주 모험을 시작하는 일종의 베이스캠프라고 할 수 있다.

마운 공항에서 경비행기 세스나를 타고 30분 정도 가면 굵은 물줄기 가장자리에 자리 잡은 마카투 캠프가 나온다. 운이 좋으면 아주 가까이서 덩치 큰 동물들을 볼 수 있는 곳이다. 게다가 눈부신 일몰을 볼 수 있는 베란다와 최상급 말을 빌려주는 말 대여소, 체험 여행을 안내할 수십 명의 전문 가이드와 도우미까지… '최고 수준의 오카방고 삼각주 체

기린은 위장술의 대가다

홍수로 물이 범람하는 시기에는 수많은 두루미 무리가 삼각주로 날아든다

불안하게 서성이는 임팔라

말을 탄 상태에서는 야생동물에 아주 가까이 수 있다

험여행을 제공한다'는 캠프의 명성에 걸맞는 곳이다. 그들은 캠프에서뿐 아니라 체험여
행을 나가서도 훌륭한 서비스를 제공한다. 좋은 말과 전문가들의 지원은 물론이고 맛있
는 음식과 호텔 특실을 방불케 하는 고급 대형 텐트가 제공된다. 이러한 최상의 서비스는
사나흘 동안의 사파리를 잊을 수 없는 인생의 소중한 기억으로 만들어줄 것이다.

　가이드를 따라서 오전과 오후로 나눠 말을 타고 삼각주 깊숙이까지 탐험을 하게 된다.
오전에는 비교적 여유롭게 구경할 수 있는 곳으로 갈 때가 많다. 주로 수련이 흐드러지게
핀 얕은 호수 같은 곳이다. 오후보다는 움직임이 많아 그 어디에서도 즐길 수 없는 색다른
경험을 할 수 있다. 물속을 첨벙거리는 말 주변으로 물이 튀면서 영롱한 무지개가 생기기

도 한다. 굵은 물방울이 몸이며 얼굴 주변에 튈 때의 그 짜릿한 기분은 그 어떤 말로도 설명할 수가 없다. 사람뿐 아니라 말도 무척 신이 나서 흥에 겨워 질주하려는 말을 다독이려면 상당히 애를 먹는다. 당연히 물에 흠뻑 젖게 되지만 보츠와나의 따사로운 햇살은 금방 물기를 날려버린다.

여유롭게 말을 모는 이런 시간에 특히 큰 동물들과 마주칠 가능성이 높다. 말을 타고 즐기는 사파리가 진가를 발휘하는 순간도 바로 이때다. 말을 탄 채로는 코끼리나 기린 같은 동물에 아주 가까이 다가갈 수가 있다. 말을 위협적이라고 느끼지 않기 때문이다. 서서히 야생동물에게 다가가는 순간을 상상해보라. 긴장감이 고조되면서 심장박동수도 따라 올라간다. 물론 그런 순간에도 전문 가이드는 적정 거리 유지를 항상 염두에 두고 적절한 조치를 취한다.

보통 오후의 말타기는 오전보다 차분하게 진행되지만 훨씬 특별한 경험을 제공한다. 풀이 무성한 삼각주에 황금빛 햇살이 비추고 동물들이 먹이나 마실 것을 찾아 밖으로 나오는 시간이기 때문이다. 야생동물들을 보며 햇살 속을 헤치고 나가노라면 마법에라도 걸린 듯 황홀경에 빠진다. 말이 일으키는 뽀얀 먼지 사이로 햇살이 펼쳐질 때 아프리카 특유의 낭만을 생생하게 느낄 수 있을 것이다.

캠프로 돌아가서는 물에 젖은 무거운 부츠를 벗어던지고 베란다에서 일몰을 감상하며 진토닉을 홀짝여보자. 주변을 배회하는 코끼리나 기린이 눈에 들어오기도 한다. 활동적인 사람이라면 보트를 타고 수로를 따라 내려가면서 일몰을 감상할 수도 있다.

해가 지고 나면 등불을 켠 야외 식탁에 둘러 앉아 맛있는 음식과 와인을 즐겨보자. 이 또한 특별한 경험이 될 것이다. 음식을 먹다 보면 캠프 주변을 서성이는 야생동물 때문에 이런저런 소리가 들려온다. 자연의 소리에 귀를

말을 타는 동안 몸은 흠뻑 젖게 된다

물이 범람하여 생긴 실개천이 삼각주 곳곳을 흐르고 있다

마카투 캠프에서 바라본 잔잔한 수면

마카투 캠프에 마련된 낭만적인 야외 식탁

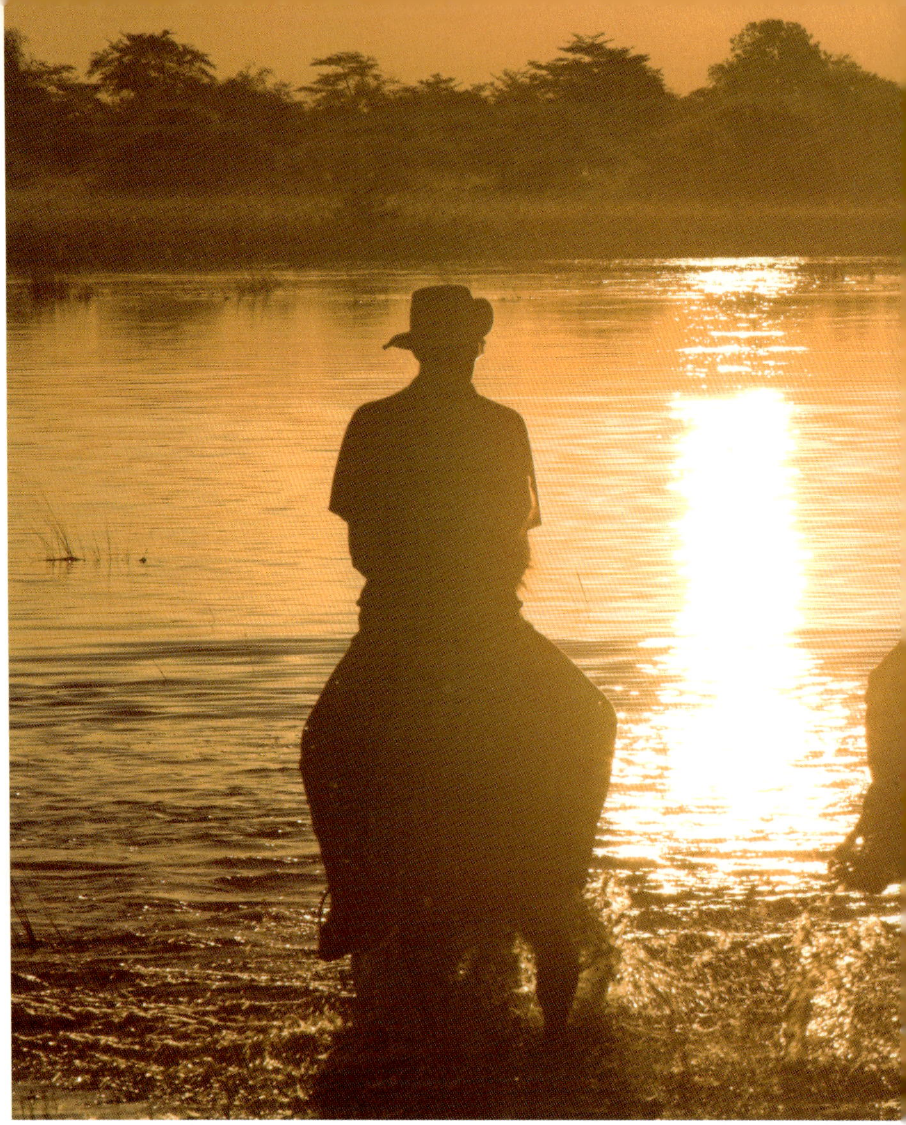

마지막 날 삼각주에서의 말타기

기울이면서 하루를 돌아볼 때쯤에는 떠나기 전 낯설게만 느껴졌던 말타기 사파리가 친숙하고 편안하게 느껴질 것이다. 언제든 기회만 있으면 다시 찾고 싶을 만큼……

ⓘ **여행정보**

아프리칸 호스백 사파리African Horseback Safaris나 마카투 캠프와 같은 몇몇 여행사가 말을 타고 둘러보는 사파리 프로그램을 운영하고 있다. 숲에서 마주친 야생동물을 보고 놀란 말이 날뛰며 달아나는 사태가 종종 있다. 따라서 이런 돌발 상황에 대비하려면 노련한 승마기술이 필요하다. 그리고 캠프에 사나흘 이상 머물면서 즐기는 편이 좋다. 팀 베스트 트레블Tim Best Travel 등 몇몇 여행사를 통해 보츠와나 항공편 예약이 가능하다. 또한 오카방고 삼각주의 관문인 마눈까지의 국내이동도 도와준다. 마눈에서 마카투 캠프까지의 비행은 아프리칸 호스백 사파리에 문의하면 된다.

마카투 캠프에서 바라본 오카방고 삼각주의 일몰

누구나 한 번쯤은 북극이나 남극처럼 만년설이 광활하게 펼쳐진 장엄한 풍경을 보고 싶어한다. 하지만 표류하는 해빙海氷이나 북극곰과의 조우가 두려워 선뜻 행동으로 옮기기는 어렵다. 그래서 그 대안으로 '제3의 극지'라고 불리는 아르헨티나 파타고니아Patagonia의 남부 빙원氷原을 추천한다. 극지방 특유의 극한 환경을 체험할 수 있으면서도 적절한 시기에 한 걸음 뒤로 물러날 수 있는 여지가 있는 곳이기 때문이다. 두께 1,000미터에 달하는 만년설 위를 힘겹게 한 발 한 발 걷다보면 약 1만 년 전의 마지막 빙하기로 타임머신을 타고 간 기분이 든다.

관문인 파소 마르코니를 향해 마르코니 빙하를 오르는 모습

총 길이 350킬로미터가 넘는 파타고니아의 남부 빙원은 남극대륙과 북극의 그린란드에 이어 지구상에서 가장 큰 빙원이다. 그리고 이곳으로 가는 길은 파타고니아 빙하국립공원Parque Nacional Los Glaciares으로 가는 길이기도 하다. 사람의 손길이 닿지 않은 너도밤나무 숲을 걸어 폭포와 빙하로 가득 찬 강들을 지나면 마침내 끝이 없을 것만 같은 얼음벌판에 다다른다.

　아르헨티나와 칠레, 두 나라에 걸쳐 있는 파타고니아는 면적이 80만 제곱킬로미터에 이르며 산과 빙하, 가파른 계곡, 표면이 울퉁불퉁한 드넓은 벌판으로 이루어져 있다. 파타고니아는 칠레 쪽으로 보면 푸에르토 몬트Puerto Montt 시 남부, 아르헨티나 쪽에서 보면 콜로라도Colorado 강 남쪽에서 시작된다. 그리고 두 나라의 경계를 이루는 것은 바로 안데스 산맥이다. 평평한 스텝Steppe 지대 위로 가파르게 솟아 있고, 고지대는 만년설로 뒤덮여 있어 장대함 그 자체다. 만년설에서 떨어져 나온 거대한 빙하들이 근처 호수에 물을 공급한다. 호수는 초록빛

만년설 위를 걷다

아르헨티나 파타고니아

빙하의 아랫 부분에 바위 파편들이 흩어져 있다

이 강도는 푸른색을 띠며 이 지역만의 특징이다. 파타고니아는 티에라 델 푸에고Tierra del Fuego에서 끝나는데 글자 그대로 '세상의 끝', 즉 아메리카 대륙의 최남단이다.

엘 칼라파테El Calafate는 파타고니아 남부에서 각종 흥미로운 모험을 즐기려면 반드시 지나야 하는 관문이자 만년설로 향하는 등반의 출발점이다. 여행자들이 많아서인지 활력이 느껴지는 곳이기도 하다. 이곳에서 울퉁불퉁한 도로를 따라 다섯 시간쯤 가면 엘 찰텐El Chaltén 마을에 도착한다. 파타고니아 빙하국립공원의 가장자리에 위치한 마을로 최근 급격히 발전하고 있는 곳이다. 엘 찰텐까지 가는 길은 광활하게 펼쳐진 초원 사이로 나 있다. 인적은 물론 야생동물도 좀처럼 보기 어렵다. 도중에 만날 수 있는 생명의 흔적이라고는 두리번거리며 주변을 배회하는 과나코guanaco와 멀리 보이는 농장(현지에서는 에스탄시아estancia라고 부른다), 가우초gaucho라고 불리는 특이한 모습의 말을 탄 카우보이 정도가 전부다.

과거 엘 찰텐은 건물 몇 채가 듬성듬성 있는 외진 마을에 불과했다. 그러나 지금은 1,500미터가 넘는 화강암 바위들이 우뚝 솟아 있는 피츠 로이 마시프Fitz Roy Massif 산괴의 봉우리로 원정을 떠나는 이들의 베이스캠프가 되었다. 마을의 중앙도로는 아직도 비포장인데 사람과 말이 차별 없이 자유롭게 지나 다닌다. 바람이 불면 비포장도로 위의 흙이 소용돌이치며 날아올라 자욱한 먼지를 일으키는데 마치 이탈리아판 서부영화의 한 장면을 보는 듯하다. 하지만 엘 찰텐은 만년설을 향한 험난한 여정을 앞두고 편안한 휴식을 취하기에 부족함이 없는 곳이다. 소형 호텔과 레스토랑, 생필품 및 장비를 파는 상점 두 곳을 비롯해 편의 시설을 두루 갖추고 있다.

마을에서 20분쯤 차를 타고 가면 트레킹이 시작되는 지점이 나온다. 작은 나무 표지판이 굽이치며 흘러가는 강을 따라 늘어선 너도밤나무 숲과 '수도사의 돌'이라는 뜻의 피에드라 델 프라일레Piedra del Fraile 야영지까지의 길을 안내할 것이다. 계곡과 만년설로 뒤덮인 봉우리와 만년설까지 이어지는 등산로가 한눈에 보인다. 서두르지 않고 느긋하게 2시간 정도 걸으면 야영지에 도착한다. 첫날 점심을 이곳에서 해결한다는 목표는 어렵지 않게 이룬 셈이다.

여기서부터는 강변으로 좀 더 탁 트인 풍경이 펼쳐진다. 그러나 걷기는 오히려 더 까다롭다. 등산로가 빙하에 의해 침식된 협곡지대를 따라 이리저리 나 있

마르코니 빙하 위에서 잠시 휴식을 취하는 모습

빙하탐험에서 전문가이드는 필수다.

빙하의 갈라진 틈으로 떨어지는 것을 막기 위해 밧줄을 맨 모습

해질녘에 붉게 물든 파타고니아의 산

해질녘 피츠 로이 마시프 산괴의 모습

마르코니 빙하 위쪽에 위치한 캠프장   새벽 여명으로 불타오르는 하늘

기 때문이다. 잠시 고개를 들어 따뜻한 상승기류를 타고 나는 안데스 콘도르 Andes condor를 바라보자. 둥글게 곡선을 그리는 콘도르의 비행을 보면 마음이 편안해지면서 잠시나마 피로를 잊을 수 있을 것이다.

온통 높은 산들이다 보니 목적지가 '강변La Playita'이라고 불린다는 사실이 조금은 생뚱맞다. 하지만 첫날밤 야영지에 도착하면 '강변'이라는 명칭이 과장이 아님을 알게 된다. 야영지는 강 근처 평지의 끝자락, 모래와 자갈이 깔린 곳에 위치해 밤새 편안한 휴식을 취하기에 손색이 없다.

만년설로 뒤덮인 빙원으로 향하는 본격적인 탐험은 하룻밤을 보내고 다음날부터 시작한다. 처음으로 등산용 아이젠을 착용하고 마르코니Marconi 빙하 기슭에 첫발을 내딛게 된다. 마르코니 빙하는 멀리서 보면 바람에 날리는 아이스크림처럼 마냥 부드러워 보인다. 하지만 본격적으로 오르기 시작하면 멀리서 느껴지던 부드러움은 온데간데없다. 장애물을 뚫고 길을 찾아야 하는 꽁꽁 언 미로 속에 있다고 생각하면 된다. 자칫 부주의하게 발을 디뎠다가는 단숨에 빠져버리고 말 깊이 팬 구멍을 비롯해 장애물들이 곳곳에 산재해 있다.

얼음으로 덮인 머리카락처럼 빙하는 아래를 향해 수직으로 떨어지는 형상이다. 얼어붙은 바위 위를 이리저리 걷다 보면 어느새 빙하의 오른쪽으로 돌게 된다. 등반을 시작한 이래 이틀이 다 되도록 볼 수 없었던 새로운 광경이 펼쳐질 것이다. 얼음이 수직으로 서 있는 벽처럼 보일 만큼 가파르게 솟아 있고, 양옆은 그보다 더 심한 얼음절벽이다. 얼음절벽 중간 중간에 거대한 눈뭉치가 튀어나와 있는데, 마치 빙하 아래로 굴러 떨어졌다 튀어 오르는 초대형 마시멜로를 연상시킨다. 만년설로 뒤덮인 빙원으로 가는 관문인 파소 마르코니Paso Marconi는 이 수직의 빙하 위에 있다.

수직의 얼음벽을 타고 올라가는 일은 신중하면서도 신속해야 한다. 가이드의 노련함과 전문역량이 굉장히 중요한 순간이기도 하다. 가이드는 눈사태가 일어날 가능성까지 세심하게 판단해야 한다. 가이드가 노련하다면 얼음벽을 오르는 것은 생각보다 어렵지 않을 것이다. 가이드와 밧줄로 연결되어 있기 때문에 전문 등반 기술도 필요하지 않다. 하지만 추락했을 경우를 대비해 등산용 쇄빙碎氷 도끼는 반드시 준비해야 한다. 신중하되 신속해야 한다는 말을 잊지 말자. 짧은 시간 혼신의 힘을 다하면 여정의 가장 힘든 구간을 무사히 통과할 수 있다.

광활한 파타고니아 남부 빙원의 모습

파소 마르코니에서 최종 목적지까지는 그리 멀지 않다. 잠깐만 걸어 올라가면 앞이 탁 트인 광활한 빙원이 펼쳐지는데 얼음으로 덮인 표면 곳곳에서 균열을 볼 수 있다. 오는 동안 본 풍경도 장관이었지만 이곳과는 비교가 안 된다. 눈앞에 웅장하게 펼쳐진 백색의 황야를 보는 순간 그 아름다움에 절로 입이 벌어질 것이다. 고작 이틀의 등산만으로도 이처럼 끝이 없을 것 같은 광활한 얼음바다를 볼 수 있는 행운을 얻을 수 있다.

ⓘ 여행정보

부에노스아이레스에 있는 오이킬 비아제스Oyikil Viajes가 단기여행과 9일짜리 장기여행 프로그램을 준비하고 있다. 장기여행은 엘 찰텐에서 마르코니 빙하를 지나 비에드마Viedma 빙하까지 빙원을 가로질러 가는 일정이다. 여행시즌은 10월부터 이듬해 4월까지다. 출발 전 탐험에 필요한 교육을 받게 되므로 아이젠, 설상화雪上靴, 등산용 스키 등의 사용법을 미리 알고 갈 필요는 없다. 투어 프로그램을 운영하는 오이킬 비아제스에 따르면 등산과 야영 경험만 있으면 된다. 참가자는 누구나 알아서 야영텐트를 치고 식사를 준비해야 한다. 그리고 지형이 험하기 때문에 나름의 훈련과 준비가 필요하며 무엇보다 건강상태가 좋아야 한다. 저니 라틴 아메리카Journey Latin America를 필두로 몇몇 항공 회사가 아르헨티나 직항을 운항하고 있다.

여기저기 균열이 있으므로 한 걸음 한 걸음 신중하게 내딛어야 한다

미첼 고원에 있는 미첼 폭포

대륙 중앙의 아웃백Outback, 즉 오지에 발을 디딘 후에야 진정 오스트레일리아 여행을 끝냈다고 말할 수 있다. 오스트레일리아 대륙 중앙의 광활한 땅은 사람이 살기에 그리 좋은 곳은 아니다. 때문에 인구의 절대 다수가 해안가에 몰려 산다. 하지만 여행자들에게는 이곳 오지야말로 진정한 오스트레일리아다. 이곳을 자동차로 여행할 생각이라면 추천할 만한 도로가 있다. 바로 웨스턴 오스트레일리아Western Australia주 킴벌리Kimberly에 있는 외딴 길, 깁 강 로드Gib River Road다.

깁 강 로드는 서해안에 있는 브룸Broome 시의 북쪽 더비Derby에서, 연방 직할지 노던 테리토리 Northern Territory와 경계해 있는 카누나라Kununurra까지 뻗어 있다. 총 길이 647킬로미터로 자동차를 타고 가면 약 일주일이 걸린다. 이는 가끔씩 멈춰 오지의 황홀한 경치를 감상하면서 여유롭게 이동했을 때를 말한다. 현재는 안락한 숙소로 이용되는 오래된 소목장에서 홈스테이를 할 수도 있다. 그리고 하루나 이틀쯤은 올 굵은 삼베로 만든 야외용 침대에서 밤하늘의

길이 험하므로 반드시 사륜구동 차를 이용해야 한다

별을 보며 잠들 수도 있다. 잠시 장엄한 폭포를 감상하고 오스트레일리아 원주민인 애보리지니Aborigine의 바위그림도 둘러보자. 바위그림 밀집 지역은 인적이 드문 곳이긴 하지만 오랜 세월 이곳에서 살아온 애보리지니의 숨결을 그대로 느낄 수 있다.

더비에서 출발해 가장 먼저 둘러볼 곳은 네이피어 다운스Napier Downs 구릉지대를 가로지르는 윈자나 협곡Windjana Gorge이다. 비포장도로가 시작되는 지점이기도 하다. 이곳은 오래전부터 소몰이꾼들의 땅으로 한때는 소 500마리가 한꺼번에 몰려다니는 진기한 풍경을 볼 수 있었다고 한다. 레나드Lennard 강으로 인해 암반에서 분리된 90미터 높이로 솟은 협곡의 절벽은 데본기에 형성된 해저지층의 일부이다. 고고학자들이 이곳의 붉은 절벽 표면에서 오래 전에 멸종된 생물 화석을 발견하기도 했다.

윈자나 협곡에서 동쪽으로 달려 킹 레오폴드 산맥 국립공원King Leopold Range National Park을 지나면 숙소인 마운트 하트Mount Hart에 도착한다. 간선도로에서 벗어나 50킬로미

레나드 강

윈자나 협곡

터쯤 달려야 숙소에 도착하니 이곳의 광활함을 새삼 실감하게 된다. 주민들이 '이웃'이라 부르는 사람들은 대부분 차로 서너 시간을 달려야 하는 거리에 산다. 하지만 이들 사이의 유대감은 같은 아파트에 사는 것 이상으로 끈끈하다. 광활한 황야에 살고 있어서일까? 주민들은 누구나 통이 크고 담대하다. 마운트 하트의 주인인 태피 애보츠Taffy Abbots도 그 부분에선 둘째가라면 서러울 정도다. "뭐 잊으신 게 있어도 걱정 마십쇼. 250킬로미터만 가면 가게들이 있으니까요." 막 도착한 우리에게 태피는 이렇게 농담을 걸었다.

마이클 커Michael Kerr는 태피와 가장 가까이 사는 이웃 중 한 명으로 마운트 하트에서 약 200킬로미터 떨어진 올드 모닝턴Old Mornington 목장에서 홈스테이를 운영한다. 깁 강 로드 간선도로를 기준으로 남쪽에 있는 목장은 100만 에이커의 넓은 대지로 그곳에서 그는 지금도 소를 키우고 있다. 무엇보다 여행자들에게 올드 모닝턴 목장이 매력적인 이유는 이곳에서 디몬드Dimond 협곡을 감상할 수 있기 때문이다. 협곡의 잔잔한 수면에 카누를 띄우고 노를 저으며 호젓함을 만끽해보자. 협곡의 붉은 암벽을 감상하다보면 잠깐이지만 그 옛날 오지를 찾아나선 대담한 개척자가 된 기분이 들 것이다.

최근 올드 모닝턴 농장에서 고대 애보리지니의 동굴벽화가 발견되었다. 혜성이 날아가는가 하면 동굴 천장에서 삐죽삐죽한 머리의 완자나Wandjina 들이 내려다보기도 한다. 완자나는 애보리지니 신화에 등장하는 조상신이다. 동굴벽화를 통해 이 땅의 주인은 무려 1만여 년 전부터 이곳에 터를 잡고 살아온 애보리지니라는 사실을 절감하게 된다. 유럽사람들은 이곳을 '개척' 한 것이 아니라 단지 애보리지니의 발자취를 따라왔을 뿐인 것이다.

다시 간선도로로 돌아가 신나게 달려보자. 울퉁불퉁한 도로를 차를 타고 달리는 기분은 그야말로 환상적이다. 호주산 들개와 가끔 천둥처럼 요란한 소리를 내며 지나가는 로드트레인Road Train을 피하는 것 말고는 정말 거칠 것이 없다. 세 개의 트레일러가 연결된 대형 트럭 로드트레인은 오스트레일리아 중부 지방의 명물이자 아웃백의 괴물로 불린다. 도로를 질주하는 모습이 멋있기도 하지만 한편으론 무시무시하다. 길이며 형상이 기차를 연상시키므로 '트레인'이란 이름에 걸맞게 철로 위를 달려야 하지 않을까 하는 생

네이피어 다운스 구릉지대를 가로질러 가고 있다

디몬드 협곡으로 가는 길

카누나라 근처의 오르드 강

각이 들기도 한다. 달리는 내내 주변에 먼지가 구름처럼 피어오르기 때문에 아예 비켜서서 지나갈 때까지 기다리는 것이 좋다. 로드트레인은 인구밀도가 희박한 이곳에서 물품을 공급하는 중요한 역할을 한다.

간선도로에서 벗어나 샛길을 따라가면 드라이스데일 리버 목장Drysdale River Station이 나온다. 이곳에서 하룻밤을 묵은 뒤 다시 샛길을 따라 북쪽으로 하루나 이틀을 달리면 칼룸부루Kalumburu를 지나 미첼Mitchell 고원에 도착한다. 칼룸부루 로드Kalumburu Road와 이어지는 포트 와렌더 로드Port Warrender Road는 깁 강 로드보다 더 좁고 울퉁불퉁한 외지다. 따라서 진짜 탐

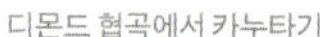
디몬드 협곡에서 카누타기

윈자나 협곡의 외딴 숲에 있는 공중전화박스

올드 모닝턴에 있는 애보리지니 동굴벽화

미첼 폭포 아래의 협곡을 둘러보는 모습

미첼 폭포에서 본 왕도마뱀

험가가 될 준비를 해야 한다. 야영을 하며 한뎃잠도 자야 한다. 하지만 힘겨운 여정의 끝에는 오스트레일리아에서 가장 아름답다는 3단 폭포, 미첼 Mitchell 폭포가 기다리고 있다. 그 아름다움에 숨이 멎을지도 모른다. 날씨가 좋으면 야영지에서 헬리콥터를 타고 둘러보는 것도 좋다.

다시 깁 강 로드로 돌아가 엘 퀘스트로 윌더니스 공원El Questro Wilderness Park에 들러 아웃백에서 보내는 마지막 밤을 만끽하자. 깁 강 로드가 끝나는 카누나라에서 조금 못 미치는 지점에 있고 환경 친화적 관광을 표방하는 곳이다. 많은 사람들 눈에는 이곳이 무척 황량하고 원시적으로 비춰진다. 하지만 깁 강 로드를 따라 여행을 한 뒤라면 전혀 다른 느낌이 들 것이다. 원시적인 황야로 보이기는커녕 오히려 인공적이고 호사스럽게 보이기까지 한다.

ⓘ 여행정보 ··

콴타스Qantas 항공을 비롯해 여러 항공사가 오스트레일리아 주요 도시로 가는 항공편을 운항하고 있다. 콴타스 항공은 브룸까지 가는 국내선도 운항한다. 깁 강 로드를 여행하려면 반드시 사륜구동 차를 빌려야 한다. 브룸 공항에는 헤르츠Hertz를 비롯한 몇몇 렌터카 업체의 사무실이 있다. 긴급상황에 대비해 충분한 물과 식량, 여분의 연료를 챙겨야 한다. 차가 고장이라도 나면 다른 차가 지나갈 때까지 며칠씩 기다려야 할 수도 있다. 차를 빌릴 때 스페어타이어 두 개를 챙기는 것도 잊지 말자.

바지선 타고 떠나는 운하 여행

프랑스 미디 운하

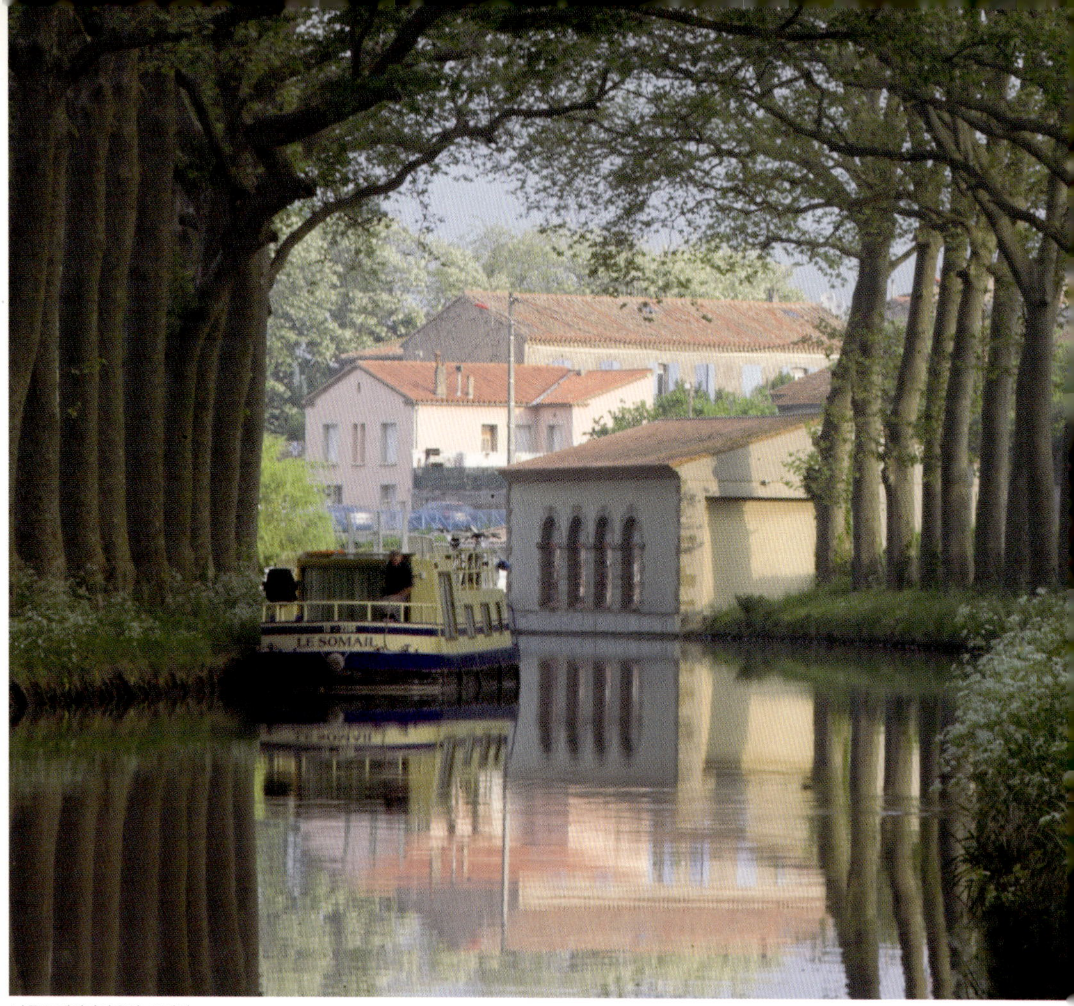

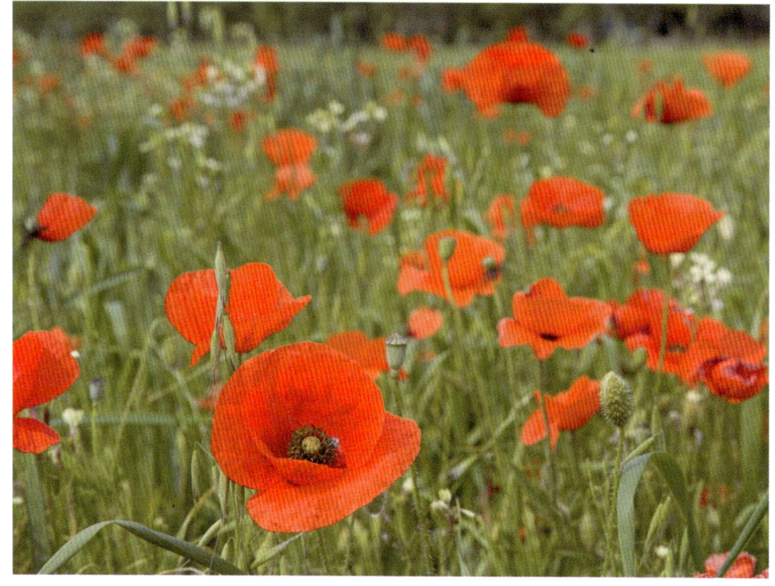

나무로 에워싸인 운하, 트레베

운하를 따라 피어 있는 양귀비꽃

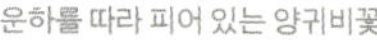

르 소메이유 마을

유럽 토목건축 역사상 걸작 중 하나로 꼽히는 미디 운하 Canal du Midi**. 프랑스 남부 툴루즈**
Toulouse에서 아그드 Agde**까지 이어진 이 운하는 대서양과 지중해를 연결하는 긴 수로의 일부다.**
나무가 늘어선 운하를 따라 가다보면 '프랑스다운' 아름다운 풍경과 작은 마을들을 만날 수 있다.

공사기간 16년에 1만 2천 명이 넘는 노동자가 동원된 미디 운하 건설계획을 입안하고 지휘한
사람은 프랑스의 인공수로 건설 전문가 피에르 폴 리케Pierre Paul-Riquet다. 1666년 공사가 시
작되어 1681년에 개통식을 치렀다. 워낙 대공사였던데다 지역 문화와 정서에 미치는 영향 또
한 컸기에 그 가치를 인정받아 최근 유네스코 세계문화유산에 등재되기도 했다. 운하의 출발
점은 툴루즈로 대서양에서 시작된 가론 운하Canal de Garonne와 여기서 시작되어 지중해로 흘
러드는 미디 운하가 만나는 지점이다. 운하는 랑그독 루지용Languedoc-Rousillon 지방의 아름다
운 전원풍경을 가로질러 지중해에 면해 있는 아그드 근처 토Thau 강 유역까지 장장 240킬로
미터를 굽이굽이 흘러간다. 한때 운하는 스페인 남부로 돌아가는 3,000킬로미터의 뱃길을 획
기적으로 단축시킨 중요한 무역로 역할을 했다. 그러나 현재는 바지선을 타고 이동하거나 크

루즈의 즐거움을 만끽하려는 여행자들의 것이 되었다. 그들 중에는 이곳 주민도 일부 있지만 대부분은 일주일 정도의 휴가를 보내려고 온 여행자들이다. 배를 타고 이동하면서 아름다운 풍광을 감상하고 여유로움을 만끽하는 것이다.

툴루즈에서 출발한 배는 유서 깊은 마을 카스텔노다리Castelnaudary를 지난다. 테라코타 타일의 지붕들이 수면 위로 솟은 모습이 자못 웅장하다. 하지만 카스텔노다리의 명물은

카페스탕 근처 교외를 굽이굽이 흐르는 운하

역시 높은 첨탑이 딸린 성당이다. 이곳은 중세 유럽시대에 위세를 떨친 기독교 종파 카타리파Cathari의 중심지였다. 이단으로 규정된 카타리파는 11세기 말 로마 교회에 대항하며 이곳을 중심으로 교세를 넓혀갔다. 하지만 시몽 드 몽포르Simon de Monfort가 이끌던 카파리파 척결 십자군의 잔인한 대량학살로 괴멸되었다. 카파리파 척결을 위한 십자군원정을 결의했던 교회위원회가 프랑스 알비Albi에서 열렸기 때문에 당시 원정군을 알비주아십자군Croisade des Albigeois이라 불렀으며, 나중에는 카타리파를 알비주아파라고 부르기도 했다. 알비주아 십자군은 20년에 걸쳐 여러 차례 원정을 떠났고, 십자군 원정이 끝난 뒤에는 종교재판을 통한 박해가 이어졌다. 당시 카타리파가 거주했던 성이 산등성이나 언덕 꼭대기에 있는데 이 또한 둘러볼 만하다.

카스텔노다리를 지나 동쪽으로 가면 운하가 완만하게 휘면서 탁 트인 지역이 나타난다. 몇 개의 갑문을 지나게 되는데 나무가 일렬로 늘어선 브람Bram 마을에 있는 갑문이 특

포르티라뉴 근처 로마풍의 다리를 통과하는 모습

르 소메이유에 있는 카페

히 아름답다. 대부분의 갑문에서는 잠시 쉬며 커피를 마실 수 있다. 규모가 큰 갑문은 배를 정박시키고 밤을 보내기에도 안성맞춤이다. 브람을 지나 오드Aude 계곡으로 들어가면 완만히 굽어 흐르던 운하가 직선으로 바뀐다. 이쯤에서 미디 운하 여정의 백미라 할 수 있는 카르카손Carcassonne이 나타난다. 중세 최대 요새도시라는 말에 걸맞는 웅장한 이중 성벽이 장관인 곳이다. 운하는 중세 성곽도시 부근이 아니라 현대화된 지역에 있다. 최소한 이틀 정도를 쉬어가기에 좋은 장소다. 중세 성곽이 그대로 보존되어 있는 곳은 라 시테La Cité 지역으로 성벽에는 52개의 망루가 설치되어 있으며 그 자태가 유네스코 세계문화유산으로 지정되기에 손색이 없다.

운하는 카르카손부터 오드Aude 강을 따라가는데 주변에는 지극히 '프랑스다운' 풍경이 펼쳐진다. 포도밭이 수평선 너머로 끝없이 이어지고 플라타

라 크루아자드에서 본 전통적인 프랑스 시골 집

빌느뵈-레-베지레에 있는 거주용 배

PORT DU SOMAIL
À 12096 MÈT.   À 13343 MÈT.
DU PONT   DE L'ÉCLUSE
DE PIGASSE.   D'ARGENS.

AUX MILLE PAINS

ÉCLUSE DE FONFILE
DISTANCES:
DE L'ÉCLUSE   DE L'ÉCLUSE
DE MARSEILLETTE   DE St MARTIN
3308 METRES.   1242 METRES

BRAM.
CONTRÔLE INTERMÉDIAIRE
DES DROITS DE NAVIGATION.
DISTANCES:
DE L'ÉCLUSE   DE L'ÉCLUSE
DE BETEILLE.   DE BRAM.
4962 METRES.   630 METRES.

카페스탕 서쪽으로 흐르는 운하

에탕 드 몽타디의 방사형으로 구획된 평야

너스와 포플러, 사이프러스 나무들이 제방 양쪽으로 늘어서 있다. 이는 보기에도 아름다울 뿐 아니라 물의 증발을 막아주는 고마운 그늘의 역할을 한다. 또한 땅속 깊이 박힌 나무뿌리 덕분에 제방이 튼튼해지는 효과까지 있다. 카르카손에서 약 8킬로미터 떨어진 트레베Trebes의 갑문들 사이를 누비고 나면 다시 탁 트인 교외지역이 나온다. 저녁 무렵에는 퓌슈리크Puicheric에 닿을 것이다.

운하를 여행하다보면 작은 마을을 여럿 지나게 된다. 취향에 따라 다르겠지만 여행자 대부분이 이런 작은 마을에서 기억에 남을 만한 경험을 하곤 한다. 오드 강을 벗어나 북쪽으로 가다보면 들르게 되는 르 소메이유Le Somail도 그런 마을 중 하나다. 담쟁이로 뒤덮인 수문장의 집은 황홀함 그 자체이며 고풍스런 중세 교회도 볼 만하다. 운치 있는 강변 레스토랑도 두어 곳 있다. 시골 마을의 고요함을 만끽하며 강변에서 저녁식사를 해보자. 자갈이 깔린 뱃길 위를 어기적어기적 걷는 오리들을 바라보며 곁들이는 랑그독Languedoc 레드와인 한잔, 더 이상 행복할 수는 없을 것이다.

르 소메이유를 지난 배는 라 크루와자드La Croisade와 카페스탕Capestang을 향해 느긋하게 나아간다. 카페스탕은 중세시대에 꽤나 번창했던 마을로 위풍당당한 대성당에서는 지금도 과거 영화의 흔적이 느껴진다. 인근 2킬로미터 내에서는 대성당만한 건물을 찾아보기 힘들다. 푸와레스Poilhes를 통과한 직후에는 에탕 드 몽타디Etang de Montady의 남쪽 어귀를 따라간다. 방사형으로 뻗은 관개시설과 부채꼴 모양을 하고 있는 들판으로 유명한 곳

카르카손의 중세 성곽도시 라 시테

이다. 근처 언덕에 자리 잡은 한적한 마을 몽타디Montady에서 내려다보면 부채꼴 모양으로 뻗은 들판이 마치 커다란 피자 조각처럼 보인다. 베지에Béziers 시는 운하 주변에 있는 마지막 대도시로 사람이 많고 활기가 넘치는 곳이다. 이곳에서 동쪽으로 약 5킬로미터를 더 가면 여정의 하이라이트 중에 하나인 생나제르Saint Nazaire 대성당이 나타난다.

지중해가 가까워지는 여행 마지막 날 즈음에는 해안 평야 지대를 가로지르게 된다. 이는 아그드의 옛 항구까지 계속되는데 가끔은 너무 하다 싶을 만큼 끝없이 지평선이 이어진다. 하지만 '지중해의 검은 진주'라 불리는 아그드는 미디 운하 여행을 마치기에 적합한 곳이다. 항구에 정박해 있는 다양한 색상의 어선들이 긴 운하여행을 마친 여행자들을 반겨줄 것이다.

카스텔노다리에서 한담을 나누는 노인들

ⓘ 여행정보

몇몇 국제 항공사가 툴루즈까지 직항을 운항한다. 툴루즈나 운하 인근 마을의 많은 회사에서 여행용 배를 빌려준다. 현대식 모터가 딸린 유람선부터 전통적인 바지선까지 배의 종류도 다양하며 하루짜리 일정부터 몇 주짜리 긴 일정까지 기간도 자유롭다. 7~8월 여름 성수기에는 '초보 선장'들이 많아 다소 위험이 따르므로 가능하면 이 시기를 피하는 것이 좋다. 운하 여행은 연중 아무 때나 가능하다. 배를 빌리는 데 면허증은 필요하지 않으며 임대 회사들이 배를 다루는 기본교육을 시켜준다. 배를 조종하는 스트레스에서 해방되고 싶다면 전문 조종사가 딸린 바지선을 이용하면 된다. 대여해주는 보트는 대부분 직접 취사가 가능한 구조다.

아메리칸 드림의 상징 66번 도로

핵크베리 주유소

'미국의 간선도로America's Main Street'라 불리는 66번 도로Route66는 세계에서 가장 유명한 도로가 아닐까 싶다. 이 도로는 북동부 시카고Chicago에서 로스앤젤레스Los Angeles까지 미국대륙을 동서로 가로지르는 최초의 대륙횡단도로다. 현재는 주간州間 고속도로가 많이 건설되면서 66번 도로의 역할을 대체하게 되었지만, 미국적 정서가 녹아 있는 이 도로의 정신만은 아직도 생생하게 살아 있다. 이곳을 제대로 즐기는 방법 중 하나는 윌리엄스Williams에서 토폭Topoc까지 드넓은 애리조나 주를 가로지르는 것이다. 흥미진진한 볼거리가 끊이지 않는 구간이다.

총 길이 3,600킬로미터에 미국의 여덟 개 주를 가로지르는 66번 도로에는 1940년대부터 1960년대를 풍미했던 '아메리칸 드림'의 특징들이 모두 스며들어 있다. 당시를 상징하는 인물은 물론 풍경, 생활방식, 심지어는 노래까지 말이다. 66번 도로라는 공식 명칭이 생긴 것은 1926년이다. 도로는 생기자마자 미국 중

윌리엄스의 도로 표지판

트위스터스 음료 판매점

서부 지역 농민들의 대규모 이주를 돕는 통로가 되었다. 극심한 가뭄을 피해 서쪽으로, 캘리포니아를 찾아 이주했던 그들의 이야기는 1940년에 퓰리처 상을 수상한《분노의 포도The Grapes of Wrath》에도 고스란히 담겨 있다. 존 스타인벡John Steinbeck의 불후의 명작을 통해 가슴 아픈 역사가 영원한 생명을 얻은 셈이다.

1937년 도로 전체가 포장되면서 최초의 대륙횡단도로는 완성되었다. 이 도로가 미국 대중의 마음을 완전히 사로잡는 데는 긴 시간이 걸리지 않았다. 제2차 세계대전이 끝난 뒤 자동차가 급증하면서 주말 드라이브 장소로도 각광받았다. 그리고 기회의 땅 캘리포니아는 마치 자석처럼 사람들을 끌어들였다. 그들은 전쟁이 끝난 뒤 현실에 안주하지 않고 삶의 변화를 모색하는 사람들로 각각 저마다의 꿈과 희망을 안고 캘리포니아로 몰려들었다. 작곡가 바비 트룹Bobby Troup도 그 중 한 사람이었다. 이제는 전설이 되다시피 한 〈66번 도로를 신나게 달려봐Get Your Kicks on Route 66〉라는 노래를 만들었던 1946년, 바비 트룹은 꿈을 좇아 로스앤젤레스로 가는 중이었다.

핵크베리 주유소에 세워져 있는 시보레 코르벳 자동차

셀리그먼 주유소에는 옛날 방식의 급유 펌프가 남아 있다

　66번 도로는 1980년대 들어 주간州間 고속도로망 때문에 고사枯死 위기에 처했지만 최근 문화적 의미가 부각되면서 다시 화려하게 부활했다. 도로가 지나는 대부분의 구간들이 흥미롭지만, 그 중에서도 애리조나 주는 흥미로운 구간이 가장 길게 이어지는 곳이다. 플래그스태프Flagstaff에서 서쪽으로 약 40킬로미터 지점에 윌리엄스라는 작은 마을이 있다. 그랜드캐니언Grand Canyon으로 가는 관문으로 차나 기차를 타고 북쪽으로 1시간 정도 가면 도착할 수 있다. 윌리엄스의 도로 양쪽으로는 1950년대 풍의 고전적인 식당과 주유소, 음료 판매점 등이 늘어서 있다. 건물 밖에 주차된 핑크색 캐딜락이 인상적인 트위스터스Twisters 음료 판매점에 잠시 들러보자. 내부 가구들이 온통 황색인 것도 눈길을 끌지만 무엇보다 서두르는 사람이라고는 찾아볼 수 없이 모두들 한담을 나누는 분위기가 인상적이다. 차가운 크림소다나 막 끓인 커피를 들이키듯 하루하루가 편안하게 흘러가는 과거의 어느 시간 속으로 타임머신을 타고 돌아간 것만 같다.

　인근의 애쉬 포크Ash Fork 마을을 향해 다시 서쪽으로 출발해보자. 이때 차창을 내리고 흘러간 로큰롤 음악을 크게 틀어놓으면 금상첨화다. 애쉬 포크는 약 260킬로미터 구간을 66번 도로와 평행으로 달려오던 40번 주간州間 고속도로가 끝나는 지점이기도 하다. 비교적 한산한 도로가 탁 트인 들판과 낮은 언덕 사이를 가로지르며 셀리그먼Seligman까지 뻗어 있다. 가끔 할리데이비슨 오토바이가 차창이 흔들릴 정도로 굉음을 내며 지나가기도 한다. 햇볕에 그을린 운전자의 머리카락이 바람에 날리는 모습을 보고 있으면, 영화 〈이지라이더Easy Rider〉에 나오는 젊은이들이 떠오른다. 오토바이를 타고 남부로 여행을 떠난 그들이 추구했던 자유와 모험, 영원히 끝나지 않을 것 같은 아메리칸 드림의 이미지 말이다. 이 길을 따라 가다보면 어딘가에 더 나은 삶이 있을 것이라는 그들의 믿음과 그 길 끝에서 만난 허무한 죽음까지도 절절히 느껴진다.

셀리그먼은 전형적인 66번 도로변 마을이다. 들판 위에 우뚝 솟아 있는 모습이나 마을 규모에 비해 지나치게 넓다 싶은 거리, 옛날식 식당, 모텔, 잡화점 따위가 영락없이 그렇다. 오래된 시보레와 캐딜락 같은 승용차, 포드 닷지 트럭 등이 길가에 세워져 있거나 녹슨 채로 뒤뜰에 주차되어 향수를 자극한다. 셀리그먼은 66번 도로와 인연이 깊은 앤젤 델가딜로Angel Delgadillo의 고향이기도 하다. 지금은 은퇴했지만 이발사로 일했던 그는 미국의 탯줄이나 마찬가지인 66번 도로 부흥에 열과 성을 다했던 사람이다. 66번 도로를 역사

엔젤 델가딜로가 운영했던 이발관의 낡은 의자

셀리그먼에 있는 엔젤 델가딜로의 이발관

유적지로 보존하기 위해 협회를 설립하기도 했다. 그가 운영하던 이발관은 이곳을 지나는 손님들에게 인기가 매우 많으며, 들어서면 손님에게 받은 명함으로 빼곡하게 장식된 벽이 눈에 띈다. 과거 리듬앤블루스 가수나 할리우드 배우들이 자주 투숙했다는 히스토릭 루트 66Historic Route 66 모텔도 이곳의 명물이다.

셀리그먼에서 서쪽으로 가면 도로의 기복은 심하지만 주변 경치가 멋진 지역으로 접어든다. 롤러코스터를 타는 기분으로 오르락내리락 차를 몰다가 등성이 위로 올라가면 눈앞에 광활한 풍경이 펼쳐진다. 중간에 만나게 되는 핵크베리 주유소도 무척 흥미로운 곳이다. 눈에 보이는 모든 것에 66번 도로를 떠올리는 장식이 붙어 있다. 녹슬고 파손된 구형 포드 자동차와 함께 최신식 시보레 코르벳이 요염한 자태를 뽐낸다. 붉은 색과 흰색이 섞여 화려하기 이를 데 없는 시보레 코르벳은 주유소 주인의 차다. 주유소 앞에는 네온사인이 빛나는 반면, 뒤쪽에는 오래된 잡동사니와 낡은 고물차들이 들어차 있다. 과거 전성기 때의 66번 도로의 영광을 말해주는 매력적인 수집품이다.

66번 도로에서 가장 고전으로 꼽히는 구간은 킹맨Kingman 시를 지난 다음이다. 킹맨 시는 66번 도로변에서 가장 큰 규모의 도시다. 이곳을 지난 직후 도로는 블랙마운틴Black Mountains 산맥을 오르기 시작한다. 다음 목적지는 B급 서부 영화에 나올 법한 전형적인

서부의 광산마을 오트만Oatman이다. 좁고 가파른 길이 이리저리 꼬이고 구부러진 채 꿈틀 꿈틀 위로 향한다. 당연히 운전할 때 엄청난 집중이 필요한 구간이다. 도로가 생긴 초기에는 동력 조타 장치 따위는 꿈도 꿀 수 없었기 때문에 이 길을 오르다 브레이크가 파열되는 일도 흔했다고 한다. 겁을 먹은 나머지 대신 운전해줄 현지인을 고용하는 사람도 있을 정도였다. 자동차 성능이 좋아진 요즘에도 이 구간을 통과하는 것은 만만한 일이 아니다. 하지만 한편으로는 짜릿한 경험이다. 경치를 감상하기 좋은 지점에는 서너 개의 주차장이 마련되어 있으니 잠시 차를 세우고 멋진 경관을 감상해보자.

오트만은 66번 도로변 마을 중에 주간州間 고속도로가 최초로 통과했던 지역 중 하나다. 마을에는 걸을 때마다 삐걱거리는 나무판자를 댄 길과 레스토랑, 기념품점, 한쪽으로 기운 술집 등이 있다. 최근에는 야생 당나귀가 이곳의 명물로 부상했다. 먹이를 달라고 거리를 배회하는 당나귀를 쉽게 만날 수 있는데 당국에서는 여행자들이 먹이를 주는 것을 엄격히 금지하고 있다. 오트만을 지나면 내리막길이 길게 이어진다. 블루마운틴 산맥을 빠

킹맨에서 블랙 마운틴 산맥으로 가는 길

져나와 캘리포니아와 애리조나 주의 경계에 위치한 토폭으로 가는 길이다. 토폭에 가까워질수록 주변 경치는 점점 황량하게 변해 간다. 간간히 선인장들이 흩어져 있을 뿐 초목을 보기 힘든 구간이다. 덩달아 차량의 통행도 훨씬 뜸해지는데 그만큼 자유를 마음껏 만끽할 수 있다. 창문을 열고 팔꿈치를 창에 걸친 채 스테레오 볼륨을 한껏 높여도 좋다. 〈66번 도로를 신나게 달려봐〉를 목청껏 따라 부르며 햇살이 눈부신 해안으로 질주해보는 건 어떨까.

ⓘ **여행정보**

66번 도로 전 구간을 차를 타고 여행하려면 도중에 들를 장소를 최소로 잡는다 해도 3주는 걸린다. 윌리엄스에서 토폭까지 애리조나 구간만 둘러보는 데는 빠르면 이틀이면 된다. 하지만 도로변에 있는 흥미로운 장소를 충분히 감상하고 그랜드캐니언에도 들르려면 나흘쯤 시간을 내는 것이 좋다. 중간에 주유소가 있긴 하지만 연료가 바닥나지 않도록 각별히 주의해야 한다. 킹맨에서 토폭까지 가는 구간에는 주유소가 많지 않으므로 특히 신경을 쓰도록 하자. 국도변에 숙소로 이용할 만한 모텔이 많다. 할리데이비슨 오토바이를 대여해주는 회사도 있으므로 오토바이 면허가 있다면 할리데이비슨을 타고 둘러보는 것도 좋은 추억이 될 것이다.

순록의 대이동을 따라가다

광활한 북극의 툰드라 지방을 여행하는 방법은 매우 다양하다. 그 중 봄철 순록의 대이동을 따라가는 툰드라 여행은 어떨까. 설상雪上 스쿠터 뒷자리에 타고 이동하면서 200여 마리의 순록을 돌보는 일은 분명 흥미로운 경험이 될 것이다. 순록을 따라가는 여행은 이 지역 토착민인 사미Sámi족과 함께 하는 여행이기도 하다. 이들은 해마다 순록의 대이동을 따라 스웨덴 라플란드Lapland 지방을 가로질러 200킬로미터를 이동한다. 조상 대대로 내려오는 사미족의 독특한 생활 방식을 가까이서 접할 수 있을 것이다. 과거 선조들이 했던 방식 그대로 겨울철 사육장인 저지대에서 산 위에 있는 여름철 방목장까지 순록과 함께 이동한다. 꽁꽁 언 호수와 아직까지 눈이 쌓여 있는 전나무들, 그리고 광활하게 펼쳐진 저지대 협곡을 보면 감탄을 금치 못할 것이다.

목에 붙여놓은 꼬리표를 통해 이리저리 헤매는 암컷들을 구별할 수 있다

라플란트 지방의 개는 작지만 유능한 순록치기다

설상 스쿠터는 신나는 교통수단이다

전통적으로 사미족의 삶의 터전인 라플란드 지방은 노르웨이, 스웨덴, 핀란드의 북단과 러시아 영토인 콜라Kola 반도까지를 포함한다. 여행자들이 참여할 수 있는 순록치기 체험은 보통 스웨덴 북부에 위치한 옐리바레Gällivare라는 작은 마을에서 시작한다. 키루나 Kiruna 공항에서 남동쪽으로 차로 3시간 정도 떨어진 곳이다. 옐리바레에서 설상 스쿠터에 올라탄 '자원 순록치기'들은 순록과 함께 여름 방목장을 찾아 서서히 고지대로 이동한다. 그리고 1,810미터 높이의 샬락쇼코Kallaktjåkkå 산에 오르면 이동은 마무리된다. 이 산은 라플란드 지역에서 유네스코 세계유산으로 지정된 스토라 셰팔레츠Stora Sjöfallets 국립공원의 일부다.

　해마다 되풀이되는 이 여정은 태어날 때부터 순록치기와 순록 모두의 유전인자에 입

력되어 있는 것 같다. 그리고 이 과정을 통해 순록과 순록치기들은 아주 특별한 유대감을 갖게 된다. 봄이 오면 순록들은 자연의 이치에 따라 서쪽으로 이동하기 시작한다. 본능적으로 길을 찾아 눈 덮인 계곡을 지나고 산 위로 향하는 것이다. 하지만 순록들만 움직여서는 악천후나 먹이부족 등의 문제를 겪기 쉽고, 운이 나쁠 경우 포식동물들에게 공격을 당할 수도 있다.

사미족에게는 순록의 안전한 이동이 더없이 중요한 일이다. 순록이 먹을 것을 제공할 뿐 아니라 고기와 털을 팔아 수입을 올리게 해주는 귀중한 존재이기 때문이다. 말하자면 사미족의 삶의 중심에는 늘 순록이 있다. 따라서 그들은 험난한 순록의 여정을 이끌기 위해 직접 툰드라 지대로 향한다. 이는 사미족이 수천 년 동안 계속해온 중요한 임무로 대대로 전수되어 오늘날까지 지켜오고 있다.

밤을 보낼 캠프에서 추위를 쫓기 위해 불을 피우고 있다

우두머리 순록 한 마리가 항상 무리를 이끈다

과거 사미족은 스키를 이용했으나 현재는 설상 스쿠터를 타고 이동한다 ▶

　　사미족과 순록이 함께 하는 대이동은 과거에는 훨씬 험난했으며 스키를 타고 이동했다. 그러나 지금은 설상 스쿠터를 이용해 같은 거리를 훨씬 빠르게 이동한다. 그렇다고 과거 전통이 모두 사라진 것은 아니다. 예를 들면 밤에 몸을 누이고 휴식을 취하는 잠자리가 그렇다.

　　순록치기에 자원한 여행자들은 눈 위에 세운 천막 안에서 밤을 보내게 된다. 라부lavu라고 불리는 것으로 사미족 순록치기들이 전통적으로 사용해온 것이다. 과거에는 천막을 순록가죽으로 만들었지만 지금은 질긴 삼베로 만든다는 점만 다르다. 춥지 않을까 싶겠지만 전혀 그렇지 않다. 보통은 순록 가죽이 바닥에 깔려 있고 침낭 위에도 순록 가죽을 덮고 잔다. 오히려 너무 따뜻하고 아늑해서 탈이다. 순록치기는 일찍 일어나서 순록들을 한곳으로 몰고 먹이 모으는 일을 도와야 하는데 천막 안이 너무 아늑해서 좀처럼 일어나고 싶지 않을 때가 많다. 사실 '자원' 순록치기들은 본인의 희망에 따라 일

라부 텐트 뒤로 태양이 지는 모습

을 많이 해도 되고 적게 해도 상관없다. '진짜' 순록치기들이 있기 때문이다. 그들은 꼭두새벽에 일어나 설상 스쿠터를 타고 좀처럼 한 곳에 차분히 머물지 못하는 순록들을 찾아나선다. 이 온순한 동물들은 서쪽으로 가야한다는 자연적인 본능에 의해 부단히도 움직인다.

봄에도 녀석들이 좋아하는 나무뿌리와 이끼를 비롯한 각종 지의류는 눈 밑에 숨어 있어 사미족은 이것들을 모아 먹이로 미리 준비해둬야 한다. 순록이 특히 좋아하는 먹이는 '슬랍푸Sláhppu'로 나뭇가지 위에서 자라는 억센 이끼다. 대부분의 여행자들은 멀리서 바라보기보다는 사미족과 함께 나가 일을 거들고 싶어 한다.

순록치기의 일을 제대로 해내려면 여러 가지를 해야 한다. 이끼를 손에 넣기 위해 나뭇가지를 세게 쳐야 하고, 매일 아침 순록을 불러 모을 때면 정신없이 팔도 휘둘러야 한다. 이른 아침 순록을 불러 모으는 일은 하루 일과 중에서도 가장 혼란스럽고 정신없는 일이다. 이탈한 순록을 억지로 무리 속으로 데려와야 하는데 추적에 실패하는 경우도 꽤 있다. 여기저기서 사람과 동물이 뛰어다니고 순록을 부르는 순록치기들의 팔 동작에 어지러울 정도다. 그러나 한바탕 소란이 끝나면 갑자기 마법이라도 걸린 것처럼 평화가 찾아온다. 조금 전까지 부산하게 움직이던 순록치기들은 어느새 노련하고 기

품 있는 모습으로 돌아와 마법 같은 평화를 주도한다. 그리고는 아무도 밟지 않은 눈 위를 가로지르는 신나는 여행을 다시 시작한다.

순록들은 저마다 특성을 갖고 있는데 고개를 빳빳이 들고 무리를 이끄는 우두머리가 있는가 하면 무리 끝에서 우왕좌왕하는 녀석들도 있다. 그리고 흰색 순록은 매우 드문데 사미족은 이 흰색 순록이 영적으로 특별한 존재라고 생각한다. 따라서 관리하는 순록 중에 흰색이 있으면 매우 소중하게 다룬다.

일주일 내내 순록을 따라가면서 녀석들을 돌보고 오소리나 스라소니의 공격으로부터 보호하다보면 어느새 녀석들과 가까워지게 된다. 마침내 눈이 사라지고 풀로 덮인 땅이 나타나면 순록들이 자라고 번식할 새로운 목초지에 도달했다는 뜻이다. 고지대에서 만족스럽게 풀을 뜯는 순록무리를 뿌듯한 마음으로 지켜보다 보면, 어느덧 진짜 순록치기가 된 것 같은 자신을 발견하게 될 것이다.

ⓘ 여행정보 ···

SAS 항공을 비롯하여 몇몇 항공사가 스웨덴 라플란드 지방 키루나까지 항공편을 운항한다. 순록이동체험은 벡비사렌Vägvisaren 에서 관리하는 생태여행 전문여행사에서 운영하고 있다. 그들은 라플란드 지방의 환경을 해치지 않는 여행프로그램을 제공하는 데 중점을 두고 있다. 이곳의 여행프로그램은 스웨덴 생태주의여행협회인 네이처스 베스트Nature's Best에서 인증을 받은 것이다. 생태주의여행 인증체계는 세계 최초로 스웨덴에서 도입한 제도이다. 방한복과 방한화가 제공되긴 하지만 따뜻한 옷을 여벌로 준비하도록 하자. 오랜 세월 이 일을 해온 사미족 순록치기들이 참가자들을 안내하고 설상스쿠터를 운전한다. 물론 직접 스쿠터를 운전할 수 있는 기회가 주어지기도 한다. 스쿠터 운전과 순록을 돌보는 데 필요한 지식이나 기술에 대한 훈련도 충분히 제공된다.

서쪽 언덕 너머로 지는 태양

중국 만리장성의 망루

고대인들에게 실크로드는 신비하고 흥미진진하며 굉장히 매혹적인 대상이었다. 중국에서 시작해 중앙아시아와 타클라마칸Taklamakan 사막을 가로질러 지중해 동부에 이르는 이 길은 현재도 진정한 모험을 할 수 있는 매력적인 장소로 꼽힌다. 그 중에서도 중국 베이징Beijing에서 출발해 카슈가르Kashgar와 타슈켄트Tashkent를 지나 우즈베키스탄의 사마르칸트Samarkand까지 가는 구간은 특히 인기가 높다.

도중에 들르고 싶은 장소가 얼마나 되느냐에 따라 여정은 2주에서 한 달까지 유동적이다. 여행사들은 취향에 따라 선택할 수 있는 다양한 여행프로그램을 제공한다. 장시간의 운전이 싫다면 일부 구간은 비행기로 이동할 수도 있다.

베이징을 출발한 뒤 가장 먼저 들르게 되는 곳은 만리장성이다. 이름처럼 길고 긴 장성에서 어디를 들러야 할 것인가도 고민거리다. 베이징에서 하루면 도착하는 지역도 꽤 근사하지만 기차로 이틀이 걸리는 만리장성의 서쪽 끝, 자위관嘉峪關 근처에 비할 수는 없다. 멀리 만년설이 쌓인 산과 푸른 하늘을 배경으로 3층의 고풍스런 망루가 솟아 있는 모습은 그대로 한 폭의 그림이다.

만리장성을 떠나 지루하다 싶을 만큼 오래 차를 달리면 간쑤성甘肅省 둔황敦煌에 도착한다. 둔황은 당허강黨河의 물을 끌어다 쓰는 오아시스 역할을 하는 도시로 치렌산맥祁連山脈으로 둘러싸여 있다. 남동쪽으로 20킬로미터 지점에 있는 둔황석굴이 특히 유명한 곳이다. 1천여 년

당나귀가 끄는 짐수레가 중국 투르판 지역을 지나는 모습 ▶

매혹의 실크로드를 달리다

타클라마칸 사막을 낙타를 타고 지나가는 상인들

카슈가르의 여성들

에 걸쳐 조성된 수백 개의 석굴사원이 미궁처럼 복잡하게 얽혀 있는 곳으로 내부에서 희귀 경전을 비롯한 각종 유물과 전쟁 장면이 묘사된 훌륭한 벽화가 다수 발견되었다. 석굴 근처에는 '모래가 운다'는 의미의 밍샤산鳴砂山이 있다. 언덕에서 바람에 모래가 흘러내릴 때마다 휘파람을 부는 것 같은 소리가 난다고 해서 이런 이름이 붙었다. 밍샤산은 사막과 오아시스 도시가 만나는 경계지점으로 지금도 낙타를 탄 대상들이 오가며 무역을 한다. 둔황은 실크로드의 두 지류가 교차하는 지점이다. 둔황 서쪽에 위치한 무시무시한 타클라마칸 사막의 북단과 남단을 지나는 실크로드가 이곳에서 합쳐진다. 타클라마칸 사막의 북단을 통과하는 길을 서역북도西域北道, 남단을 통과하는 길을 서역남도西域南道라고 부른다.

중국 신장新疆 지역의 타클라마칸 사막은 실크로드가 만들어지던 때만큼이나 지금도 가기 어려운 지역이다. 북쪽은 거대한 텐산산맥天山山脈, 남쪽은 쿤룬산맥崑崙山脈으로 에워싸인 이 사막은 넓이가 27만 제곱킬로미터에 달한

다. 지구상에서 사하라 다음으로 가장 넓은 사막이다. 사막 가장 자리의 오
아시스 마을들을 제외하고는 사람이 살지 않는다. 최근 석유가 발견되었다
하니 어쩌면 상황이 바뀌어 앞으로는 사람이 거주하게 될지도 모르겠다.

　타클라마칸 사막에서 나뉜 서역남도와 서역북도는 오아시스 도시 카슈
가르에서 다시 합쳐진다. 중국과 키르기스스탄 국경에서 약 200킬로미터
떨어진 신장웨이우얼新疆維吳爾 자치구에 위치한 이곳에는 주로 위구르족이
살고 있다. 한때는 만주에서 카스피 해에 이르는 대제국을 건설했던 민족이
다. 일요일에 도착했다면 대규모로 열리는 시장구경을 놓치지 말자. 몇 킬로
미터 떨어진 곳에 사는 농부들이 직접 키운 과일이며 채소를 팔러 나온다.

　카슈가르에서 톈산산맥을 넘어 키르기스스탄에서 가장 가까운 도시 나
린Naryn으로 가려면 해발 3,752미터의 토르가르트Torugart 고개를 지나야 한
다. 따라서 나린까지는 장시간의 운전을 해야 한다. 과거 소련 영토였던 키
르기스스탄은 매우 눈부신 경관을 자랑하는 곳이다. 봉우리에 만년설을 이
고 있는 산들이 온통 풀로 뒤덮인 드넓은 초원을 호위하듯 에워싸고 있다.
초원에는 이식쿨IssykKul 호수를 비롯해 아름다운 호수가 흩어져 있다. 키르

포장된 실크로드

실크로드는 아찔한 정도로 매혹적인 풍경을 자랑하는 키르기스스탄을 통과한다

중국 신장 불룬쿨 호수 근처의 사구

기스스탄 사람들의 삶은 수백 년 동안 거의 변하지 않았다. 현대화가 어느 정도 진행된 수도 비슈케크Bishkek 외에는 지금도 말이 끄는 수레가 가장 대중적인 교통수단이다. 한때 실크로드를 지나던 대상들이 쉬어가던 비슈케크는 현재 넓은 중앙광장과 쭉 뻗은 대로로 유명한, 전형적인 소련 스타일의 도시가 되었다. 레닌 동산을 비롯해 최근의 역사를 말해주는 수많은 기념물들을 곳곳에서 볼 수 있다. 키르기스스탄은 1991년에야 소련으로부터 독립했다.

비슈케크에서 다시 오랜 시간 차를 달리면 우즈베키스탄 국경에 위치한 오슈Osh를 지나 수도 타슈켄트에 도착한다. 보는 이의 마음을 사로잡는 매혹적인 도시이자 중앙아시아에서 가장 오랜 역사를 자랑하는 유서 깊은 도시 타슈켄트는 실크로드의 여러 지류가 만나는 중요한 지점이었다. 1917년 러시아 혁명을 겪으면서 유서 깊은 건축물들이 많이 파괴되었지만 그 자리를 꿰차고 들어선 소련 시대 건물들도 꽤 볼 만하다. 그 밖의 볼거리로는 화려한 이슬람 사원을 들 수 있다. 세계 최고最古의 코란이 소장된 카스트 이맘 모스크Khast Imam Mosque가 대표적이다.

타슈켄트를 지나 다시 서쪽으로 달리면 부하라Bukhara가 나온다. 이곳은 우즈베키스탄을 방문하는 사람들이 즐겨 찾는 곳 중에 하나다. 13세기 몽고제국의 침입을 비롯해 숱한 전투 속에서도 의연히 버텨온 칼리안Kalyan 탑에 꼭 들러보자. 높이 50미터인 탑은 1,127년에 세워졌으며 105개의 계단을 올라가면 시 전체를 한눈에 조망할 수 있다. 아크Ark라

카라코람 산맥에 있는 돌로 지은 농가

폭풍우가 칠 것처럼 잔뜩 찌푸린 카라코람 산맥의 하늘

고 불리는 요새도 많은 방문자들이 찾는 곳이다. 유서 깊은 건축물이기도 하지만 고문과 처형으로 점철된 피비린내 나는 역사가 깃들어 있기 때문이다.

실크로드의 백미는 누가 뭐래도 돔 지붕과 첨탑이 도시를 온통 뒤덮고 있는 아름다운 도시 사마르칸트다, 여기저기 거리를 둘러보는 데만도 족히 일주일은 걸릴 만큼 볼거리가 많다. 그 중에서도 압권은 레지스탄Registan 광장으로 삼면이 육중하고 휘황찬란한 마드라사Madrasa로 둘러싸여 있다. 마드라사는 이슬람의 학교를 일컫는데 틸라카리Tilla-Kari, 시르도르Shir Dor, 울루그벡Ulug Beg 마드라사가 광장을 둘러싸고 있다. 또한 '살아 있는 왕'이라는 의미의 샤히진다Shah-I-Zinda 묘지도 놓치지 말아야 할 볼거리다.

그 옛날 실크로드를 이동하던 대상들은 이 매혹적인 도시에 도착하는 순간 깊은 안도감과 흥분을 동시에 경험했다고 한다. 당신 또한 베이징에서 시작된 여정을 마치고 이곳에 도착하는 순간 과거 대상들이 느꼈던 흥분을 충분히 맛보게 될 것이다.

ⓘ **여행정보** ⋯⋯⋯⋯⋯⋯⋯⋯⋯⋯⋯⋯⋯⋯⋯⋯⋯⋯⋯⋯⋯⋯⋯⋯⋯⋯⋯⋯⋯⋯⋯⋯⋯⋯⋯⋯⋯⋯⋯

시간이 여의치 않으면 본문에서 소개한 구간의 일부, 특히 우즈베키스탄 지역에 집중된 여행 일정을 찾아보는 것이 좋다. 베이징과 타슈켄트는 정기 항공편이 있지만, 실크로드에 있는 다른 도시는 비행기로 다니기가 어렵다. 중앙아시아 국가와 중국을 여행하게 된다면 비자를 꼭 준비해야 하며 여행 전에 발급받는 것이 좋다. 실크로드 상의 숙박시설은 천차만별이다. 하지만 여행자들이 주로 체류하는 도시는 가격이나 질 모두 무난한 편이다.

멸종위기의 마운틴고릴라

비룽가 로지에서 바라본 풍경

르완다 비룽가Virunga 산맥에 자리 잡은 볼캉국립공원Parc National des Volcans의 대나무가 울창한 숲 속에서 화산활동으로 만들어진 비탈길을 오르다보면, 인간과 가장 유사하다는 동물을 만날 수 있다. 그 주인공은 바로 마운틴고릴라mountain gorilla다. 다이안 포시Dian Fossey의 연구로 세상의 이목을 끌게 된 마운틴고릴라는 현재 심각한 멸종위기에 처해 있다. 따라서 그들과 대면한다는 것은 지구상에서 가장 귀중하고 감동적인 경험이 될 것이다.

볼캉공원 사무실 건물의 표지판

사빙요 화산을 향해 산길을 오르고 있다

고릴라 왕국으로 가는 길은 그 자체만으로도 흥미진진한 모험이다. 먼저 르완다의 수도 키갈리Kigali에서 중앙아시아 내륙으로 깊이 들어가 우간다와 콩고민주공화국에 접해 있는 북쪽 국경지대까지 가야 한다. 다행히 현재는 도로망이 잘 갖춰져 있다. 1990년대 중반에 일어났던 끔찍한 대량학살의 상처에서 어느 정도 회복되었다는 증거일 것이다. 다시 찾은 평화와 안정 덕분에 한동안 얼어붙었던 르완다 국민들의 마음도 한결 따사로워졌다. 그들은 함박웃음과 들뜬 손짓, 그리고 따뜻한 인사말로 방문객들을 맞이한다.

키갈리에 도착한 다음 경치가 눈부신 길을 따라 북쪽으로 서너 시간쯤 차를 달리면 루헨게리Ruhengeri에 도착한다. 나무가 울창한 아름다운 산에는 비탈을 깎아 만든 계단식 밭이 있다. 밭에서는 사탕수수, 차, 바나나, 감자, 옥수수 등 다양한 작물이 자란다. 루헨게리

의 숙박시설은 상당히 제한적이지만 그중 가장 경치가 좋은 곳을 추천하라
면 단연 비룽가 로지Virunga Lodge다. 높은 산등성이에 위치한 비룽가 로지 주
변에는 화산들이 쭉 늘어서 있으며, 불레라Bulera와 루혼도Ruhondo라는 멋진
호수가 내려다보인다. 계곡에 사는 주민들이 아침저녁으로 불을 피울 때면
희미한 연기가 퍼져 매혹적인 풍경이 한층 신비롭게 느껴진다.

　국립공원 관리사무실은 루헨게리에서 15킬로미터 떨어진 키니기Kinigi
마을에 있다. 그곳으로 가기 위해서는 아침 일찍 일어나 울퉁불퉁한 길을 따
라 차를 몰아야 한다. 볼캉국립공원은 여섯 개의 화산으로 이루어져 있으며
인접한 우간다와 콩고민주공화국 국립공원과 연결된 자연보호지구의 일부
분이다. 마운틴고릴라 서식지 보호를 위해 조성된 곳으로 총 면적은 650제
곱킬로미터에 달한다. 공원은 또한 마운틴고릴라를 사랑했던 여인 다이안
포시의 보금자리이기도 하다. 1960년대 연구를 위해 이곳을 찾은 그녀는 마

카리심비 화산에 있는 수사 그룹의 고릴라들

수사 그룹은 르완다의 마운틴고릴라 무리 중에 가장 규모가 크다

운틴고릴라에 흠뻑 빠져 그들과 더불어 20여 년을 살았다. 그리고 누구도 하지 못했던 획기적인 연구를 수행했고 밀렵꾼으로부터 고릴라를 보호했다. 1985년 의문의 죽음을 당한 포시를 대신해 지금은 다이안 포시 고릴라 기금이 그 일을 잇고 있다. 포시의 무덤은 비소케Bisoke 화산 중턱에 있다.

국립공원 관리사무실에서 3,634미터 높이의 사빙요Sabinyo 화산까지 잠시 드라이브를 하고 나면 본격적인 마운틴고릴라 추적이 시작된다. 공원 안으로 깊이 들어가면 대나무 숲으로 바뀐다. 보이지는 않지만 앞에서는 전문훈련을 받은 추적자가 고릴라를 찾고 있다. 고릴라들이 지난밤에 남긴 흔적을 더듬어 위치를 추적하는 것이다. 우리 팀은 13그룹이라 불리는 마운틴고릴라 무리를 쫓고 있었다. 공원에는 총 다섯 집단의 고릴라 무리가 있는데 13그룹은 수컷 고릴라 무나네Munane가 이끈다. 마운틴고릴라 세계에서는 능력이 뛰어난 나이 든 수컷이 무리를 이끄는데 보통 등뒤에 회색 털이 있어 실버백silverback이라고 부른다.

야생동물체험여행이 대부분 그렇듯이 고릴라를 반드시 만날 수 있다는 보장은 없다. 고릴라를 찾는 데는 한 시간이 걸릴 수도 있고 하루가 걸릴 수도 있다. 이는 추적중인 고릴라들이 무엇을 하면서 얼마나 빨리 움직이느냐에 따라 다르다.

장마 때문에 좁은 산길은 군데군데 엉망이다. 진흙웅덩이를 피해 돌아가

공원 안내인이 고릴라의 생태에 대해 설명하고 있다

려다 몇 번을 미끄러져 넘어지고 나서야 정면 돌파가 최선임을 깨닫게 된다. 몸을 잔뜩 숙이거나 기어서 대나무 덤불 속을 헤치고 나가는 일은 무척 신나는 일이다. 화산 위로 높이 올라갈수록 모험은 점점 흥미진진해진다. 마침내 우리 팀의 고릴라 추적자가 모습을 드러냈다. 이는 멀지 않은 곳에 고릴라들이 있음을 의미한다.

일단 등에 멘 배낭을 내려놓아야 한다. 고릴라들이 두려워하기 때문이다. 그리고는 산길을 벗어나 빽빽한 관목 덤불 속을 헤치고 나간다. 처음 우리 앞에 고릴라가 나타났을 때의 느낌은 경이로움 그 자체였다. 무리의 우두머리인 무나네는 보기에도 엄청나게 힘이 세보였다. 녀석은 우리를 발견하자 잔디밭에 앉은 채로 뚫어져라 쳐다보았다. 놀랍기도 하고 살짝 겁도 나서 온 몸에 힘이 쭉 빠졌다. 그 순간 강자는 그라는 것을 알고 있었기에 우리는 숨조차 제대로 쉬지 못했다. 동행한 추적자들이 녀석을 달래기 위해 그르렁거리는 소리를 낸다. 문제를 일으키지 않을 테니 염려 말라고 설득하고 있는 것이다. 마침내 무나네가 자신의 제국 방문을 허락한 모양이다. 무나네 앞에는 암컷 고릴라가 털이 곱슬곱슬한 다섯 달 된 아기 고릴라에게 젖을 먹이고 있었다. 무나네의 아홉 연인 중에 하나다. 무나네는 무리의 우두머리 중에서도 유난히 짝이 많은 편이다.

고릴라와 마주하는 시간은 한 시간으로 제한되어 있다. 하지만 13그룹의 평범한 일상을 바라보던 한 시간이 마치 영원처럼 느껴졌다. 뭐든지 입으로 가져가는 아기 고릴라의 모습은 얼마나 귀엽고 감동적인지 상상하기 어려울 것이다. 엄마 고릴라 위로 기어오르기도 하고 대나무 죽순 위로 올라가 죽순이 툭 끊어질 때까지 놀기도 했다. 죽순이 부러지는 바람에 녀석이 바닥으로 넘어지는 모습을 보며 우리는 숨죽여 낄낄대기도 했다. 마치 일요일에 야외로 소풍 나온 한 가족을 보는 것 같았다. 잠시 멈췄던 비가 다시 내리기 시작했다. 우리는 다시 산길로 돌아와 비룽가 로지에 가서 젖은 몸을 말렸다.

다음날은 수사 그룹Susa Group을 찾아나섰다. 르완다에서 가장 높은 해발 고도 4,507미터의 카리심비Karisimbi 화산의 능선을 따라 이어진 길은 정말

수사 그룹의 고릴라들과 함께하는 평화로운 시간

능력이 뛰어난 나이 든 수컷이 무리를 이끈다 ▶

아름답다. 그곳까지 차를 타고 가려면 여러 마을을 지나게 된다. 아이들은 막대나 고리 등을 가지고 신나게 노느라 바쁘고 한쪽에선 어른들이 자전거에 닭, 맥주, 풀 따위의 짐을 실어 나르고 있었다. 자전거는 잔뜩 낡았는데 짐은 어찌나 큰지 불안해보인다. 마침내 튼튼한 사륜구동 차가 지나갈 수 있는 길이 끝나고 가파른 계단형 경작지를 지나 산을 오르는 본격적인 등산이 시작된다.

한 시간쯤 가자 고릴라 추적요원이 나타났다. 풀이 무성하고 가파른 비탈을 서둘러 내려가자 제법 넓은 탁 트인 공터가 나왔고, 20여 마리의 고릴라가 매혹적인 자태로 우리를 반겼다. 휴식을 취하고 있던 13그룹과는 대조적으로 수사 그룹은 먹이를 먹거나 놀이를 하면서 분주하게 움직이고 있었다. 네 마리의 회색 털을 가진 수컷과 아홉 마리의 암컷, 쭉 늘어선 어린 고릴라들이 수사 그룹의 자랑이다. 어린 고릴라들은 싸우고 뒹굴고 넘어지며 흥겨운 생명력을 발산한다. 반면 어른 고릴라들은 자박자박 발걸음 소리를 내며 천천히 주변을 걸어 다녔다. 특히 태어난 지 2주밖에 안 된 새끼를 본 것은 아주 잠깐이었지만 잊을 수 없는 광경이었다. 야생동물과의 만남은 어떤 것이든 경이로움을 불러일으키게 마련이지만 고릴라와의 만남은 특히 각별하다. 수백만 년의 세월을 거슬러 올라가 지금의 우리와 크게 다르지 않은 소상들의 삶을 들여다보는 기분이 들기 때문이다.

카리심비 화산 기슭의 마을

ⓘ 여행정보 ··

마운틴고릴라의 생활을 엿보는 탐험프로그램은 매우 엄격하게 관리되고 있다. 게다가 예약이 상당히 밀려 있으므로 미리 준비하는 것이 좋다. 방문자 수 또한 엄격하게 제한된다. 공원에는 다섯 개의 고릴라 집단이 있고 각 그룹을 여덟 명으로 구성된 팀이 뒤따른다. 고릴라와의 물리적인 접촉도 엄격하게 금지된다. 입장료의 상당 부분이 공원의 보존과 인근 마을 발전에 쓰인다. 영국에 본사를 둔 디스커버리 이니셔티브Discovery Initiatives를 비롯해 몇몇 회사가 개인의 일정에 맞춘 여행프로그램을 짜주고 비룽가 로지에 숙박도 알선해준다. 케냐 항공이 국제선 항공편과의 연계가 원활한 나이로비에서 키갈리까지 항공편을 운항한다.

골드러셔의 꿈을 좇아가다

유콘 강은 사람이 살지 않는 황량한 지역을 지난다

1897년 세상을 떠들썩하게 했던 골드러시Gold rush, 당시는 유콘 강Yukon의 지류인 클론다이크 강Klondike 유역에서 사금砂金이 발견된 시기이기도 하다. 골드러시를 단순히 금을 찾는 사람들의 성공스토리로 치부하기엔 사연이 너무 많다. 금을 찾으려는 야망에 불타던 사람들은 유콘 강을 배를 타고 가는 두렵고도 위험한 여정을 견뎌야 했다. 그러나 당시 일확천금을 꿈꾸던 골드러셔Gold rusher들이 두려움 속에 갔던 뱃길을 요즘은 유콘 강 주변의 때 묻지 않은 자연을 감상하려는 사람들이 카누를 타고 따르고 있다. 현대식 카누에 필요한 장비 일체를 갖추고 노를 저어 가노라면 클론다이크로 금을 찾아 떠났던 사람들의 삶을 조금이나마 경험할 수 있을 것이다.

화이트호스Whitehorse에서 도슨 시티Dawson City까지 742킬로미터를 카누를 타고 직접 노를 저어 가려면 약 일주일이 소요된다. 여행 중에는 문명을 접할 기회가 극히 제한되어 있으므로 꼼꼼한 계획을 세우고 충분히 사전준비를 해야 한다. 음식도 넉넉하게 준비하고 고기를 구울 그릴은 물론 저녁 만찬을 즐길 의자와 탁자도 챙기자. 화이트호스에 있는 카누여행 전문가이드의 도움을 받으면 캐나다의 표준형 카누에 이 모든 것을 실을 수 있다. 원한다면 식후에 디저트용 치즈를 내놓을 접시까지도 가져갈 수 있다.

오래전 골드러셔들이 화이트호스에 도착했을 즈음은 이미 53킬로미터에 이르는 칠쿠트 산길Chilkoot Trail을 따라 코스트 산맥Coast Mountains을 힘겹게 넘어온 이후다. 출발지는 알래

스카 연안 스캐그웨이Skagway 근처 다이Dyea였을 것이다. 산길을 통과하는 동안 많은 사람이 혹독한 추위 탓에 얼어죽었고, 어떤 이들은 무거운 짐을 운반하느라 기진맥진해 죽기도 했다. 산길을 어렵게 살아나왔다 해도 베넷Bennett 호수에서 보트를 만든 뒤 위험한 급류로 악명 높은 유콘 강과 사투를 벌여야 했다. 유콘 강에서 가장 위험하다는 마일스 캐논Miles Canyon 지역이 그들의 출발지인 화이트호스보다 상류에 있어 그나마 다행이었다. 당시 금을 찾아 나선 사람들이 출발했던 곳에서 우리의 카누여행도 시작된다.

미주리Missouri 강과 더불어 베링 해Bering Sea로 흘러드는 총 길이 3,700킬로미터의 유콘 강은 미시시피Missippi 강에 이어 북아메리카에서 두 번째로 긴 강이다. 멀리서 보면 화이트호스 지점에서 강폭이 넓어지면서 유속이 느려지는 것처럼 보인다. 하지만 가까이서 보면 유속은 무자비할 만큼 빠르다. 음식이며 캠핑 장비들로 뱃전까지 꽉 찬 카누를 처음 강에 띄우면 묵직하고 활력이 없는 것처럼 느낄 것이다. 물살이 한동안 숨 가쁘게 배를 끌고 가다가 광대한 라베르제Laberge 호수로 들어오면 마침내 고삐를 늦춘다.

강의 동안東岸을 따라 52킬로미터의 거리를 노 저어 간다는 것은 굉장히 힘든 일이다(그나마 반대쪽보다 약 3킬로미터가 단축되어 많은 사람들이 동안을 택한다). 평온한 날 호수를 보면 마치 잔잔한 거울 같다. 황금빛 저녁놀이 비치는 시간에는 더더욱 그렇다. 하지만 바람

카막스 근처 강 위로 걸린 무지개

이 거세지면 성난 바다로 변한다. 문제는 아무런 예고도 없이 발생한다는 것이다. 날씨가 좋든 나쁘든 호수를 건너려면 최소 여섯 시간은 노를 저어야 한다. 이는 첫날 일정을 마무리하기에 충분한 시간이다.

강변에 텐트를 치기 전에는 반드시 곰발자국을 살피는 것이 좋다. 만약 텐트가 곰들이 다니는 길을 막고 있다면 썩 좋은 일은 아니기 때문이다. 텐트와 떨어진 곳에서 요리하고 음식을 높은 나무 위나 밀폐된 통 안에 두는 것을 잊지 말자. 유콘 강에는 흑곰과 회색곰이 살고 있는데 어디서 어떻게 만날 지 예측할 수 없으므로 항상 주의해야 한다. 물 위에서 노를 저을 때만 강변에서 먹이를 찾는 녀석들을 마주치게 된다면 억세게 운이 좋은 경우다.

유콘 강에서 가장 드라마틱한 구간은 써티 마일Thirty Mile이라는 곳으로 물살이 빠르면서 동시에 강의 만곡 또한 큰 지점이다. 여기서부터는 골드러시의 실제 흔적들을 발견할 수 있다. 강 건너로 외륜선外輪船의 연료를 적재해 두던 오래된 목재하치장과 오두막이 보일 것이다. 골드러셔들은 외륜선을 타고 급류를 헤치며 도슨 시티까지 갔다. 이는 무척 위험한 여정이었고 실제로 급류에 휩쓸려 배가 난파되는 일도 많았다. 머지않아 나타나는 클론다이크Klondike 호와 이블린Evelyn 호의 잔해가 대표적이다. 클론다이크 호 몸체는 완전히 침니沈泥에 덮여버렸고 일부 썩은 나무판자와 기둥만 물 위로 나와 있었다. 1908년에 건조된 이블린 호는 겨우 한철 쓰인 뒤 난파선 신세가 되고 말았다. 흉측한 난파선 주변을 돌아보면 골드러셔들의 실현되지 못한 욕망과 꿈, 허망함, 안타까움이 폐부를 깊이 관통하는 느낌이다. 당시 부와 영화를 좇아 골드러시에 합류한 10만 명 중에 약 3만 명만이 채금지까지 가는 데 성공했다. 물론 꿈꾸던 노다지를 얻은 사람은 그보다 훨씬 적다.

후타링구아Hootalingua를 지나면 물살은 완만해진다. 운이 좋으면 강을 건너는 무스나 쉽게 보기 어려운 돌산양, 물속의 고기를 잡으려고 높은 나무 위에서 급강하하는 흰머리 독수리 등을 만날 수도 있다. 돌산양은 북미 서북부 산지에 사는 털이 흰 야생 양으로 멋지게 굽은 뿔이 특징이다. 아예 노를 올려놓고 가만히 누워 있어도 좋을 만큼 물살이 잔잔할 때도 있다. 카누가 물살을 따라 하류로 떠내려가는 동안 편안히 누워 때 묻지 않은 야생의 평화로움을 만끽해보자. 평화 속에 빠져들다 보면 작은 시골 마을 카막스Camacks에 도착하는 것마저 방해꾼으로 여겨질 것이다. 카막스는 유콘 강에 딱 네 개밖에 없는 다리 중에 하나가 있는 작은 마을이다.

라베르제 호숫가에서 카누에 짐을 싣는 모습

난파선 클론다이크 호

위험한 급류로 난파된 클론다이크 호의 잔해

포트 셀커크는 과거 허드슨베이회사
교역소가 있던 곳이다

카막스를 지나 파이브 핑거스Five Fingers에 도착하면 이번 여행에서 가장 험난한 급류가 기다리고 있다. 카누가 덜컥덜컥 흔들려 겁이 날 정도다. 하지만 재빠르게 움직여 반대쪽으로 가면 금세 지금까지 익숙했던 온화하고 나른한 물살로 돌아간다. 하인츠Heinz라는 전직 사냥꾼 소유 야영지 민토Minto는 하룻밤을 보내기에 부족함이 없는 장소다. 민토를 지나 조금만 더 가면 포트 셀커크Fort Selkirk가 나온다. 식민지 시대 정착자들이 세운 마을로 과거의 모습이 잘 보존된 곳으로도 유명하다. 1848년 로버트 캠벨Robert Campbell이 허드슨베이회사Hudson's Bay Company 교역소를 세웠으며 골드러시가 한창이던 시기에는 금광을 찾아가는 무리가 주로 머물다 가는 지역이었다. 매혹적인 목조 가옥들 사이를 걷다보면 당시의 생활상이 머릿속에 그려질 것이다.

여행의 마지막 구간은 유독 길게 느껴진다. 강폭이 넓어지면서 물살이 굉장히 느리기 때문이다. 하지만 그 끝에는 특별한 도시, 도슨 시티가 기다리고 있다. 마지막 종착역 도슨 시티를 보면 지루할 만큼 긴 시간 노를 저어온 보람을 느낄 수 있다. 지저분한 거리, 나무판자를 댄 길, 페인트는 밝은 색이

지만 살짝 낡은 느낌의 목조 가옥들… 카우보이 영화 세트장에 온 것이 아닌
가 하는 착각을 일으킬 정도다. 골드러셔들의 최종 종착지가 바로 이곳, 도
슨 시티였다. 때문에 이곳에서는 무법천지에 힘겹고 분주하게 돌아가던 그
들의 삶의 모습이 묻어난다. 그리고 강변에서는 지금도 사금채취가 가능하
다. 그곳에서 노다지라도 찾으면 영원히 떠나고 싶지 않을지도 모르겠다.

ⓘ **여행정보** ···

에어 캐나다Air Canada를 비롯한 몇몇 항공사의 항공편으로 밴쿠버Vancouver를 경유해 화이트호스까지 갈 수
있다. 주변 경관이 멋지기 때문에 눈도 즐거운 비행이다. 화이트호스에 있는 몇몇 여행사에서 유콘 강 카누여
행 프로그램을 제공한다. 그 중에서 카누피플Kanoe People은 유콘 강 전체를 손바닥 들여다보듯 훤히 알고 있어
믿음이 가는 곳이다. 강변에 사는 곰의 위협을 심각하게 받아들이고 대비해야 한다. 곰을 쫓기 위해 호신용 분
사기와 요란한 소리를 내는 작은 폭죽을 준비하는 것이 좋다. 카누여행에 최적의 시기는 해가 길고 따뜻한 여
름, 즉 7월부터 9월 사이다.

포트 셀커크의 버려진 사금채취 도구들

도슨 시티의 사금채취대회

스페인의 대도시 바르셀로나Barcelona에 영향을 미친 건축가 안토니오 가우디Antonio Gaudí 만큼 건축 천재 한 사람이 한 도시의 건축에 미친 영향이 이렇게 크고 강렬한 경우는 일찍이 없었다. 가우디 건축에 활용된 자극적이고 복잡한 색상과 형태, 구도는 그에게 깊은 감동을 주었던 자연에서 모티브를 따온 경우가 많다. 독특한 가우디의 작품만으로도 카탈루냐Cataluña 지방의 유명한 도시 바로셀로나를 방문할 충분한 이유가 된다. 하지만 여기서 조금만 욕심을 내면 가우디의 생애 전체를 더듬을 수 있다. 가우디가 태어나 학창시절을 보낸 레우스Reus부터 가우디에게 예술적인 영감을 주었던 카탈루냐 지방의 경치를 훑는 것까지.

구엘 공원 광장, 도리아식 기둥이 밑을 받치고 있다

어린 시절의 가우디 청동상

가우디는 1852년 바르셀로나에서 남서쪽으로 110킬로미터 떨어진 시골 마을 레우스에서 태어났다. 그는 어린 시절 류머티즘 때문에 멀리 걸을 수가 없어 집에 있는 시간이 많았다. 덕분에 가우디는 집 주변의 아름다운 자연에 깊이 빠져들어 하나하나 꼼꼼히 살피며 시간을 보내곤 했다.

당시와는 달리 현재 레우스는 대도시가 되었다. 하지만 가우디의 흔적은 여전히 남아 있으며 고향에서 그는 영예로운 대접을 받고 있다. 활기 넘치는 거리를 조금만 산책하듯 걸으면 가우디가 벤치에 앉아 구슬치기를 하고 있는 청동상을 볼 수 있다. 좀 더 걸어 가우디가 세례를 받았던 산 페드로San Pedro 성당을 지나 가우디 박물관도 들러보자.

사그라다 파밀리아 성당의 나선형 계단

사그라다 파밀리아 성당의 첨탑

숲속 나무를 연상시키는 사그라다 파밀리아 성당의 내부

사그라다 파밀리아 성당의 수난의 파사드

　차를 타고 레우스 교외를 달리면 가우디의 사상과 예술에 지대한 영향을 미쳤던 자연 풍경을 만날 수 있다. 바위가 많아 울퉁불퉁한 모습이 매력인 프라델Pradell 산맥 서쪽의 가파르고 꾸불꾸불한 뒷길로 가면 나무가 띄엄띄엄 서 있는 숲이 나온다. 숲의 나무줄기들이 가우디가 건축물에서 활용했던 지주支柱 구조를 그대로 보여준다. 바르셀로나에 있는 사그라다 파밀리아 성당Sagrada Familia(성가족교회)을 설계할 때도 가우디는 내부를 '나무가 있는 숲'처럼 만들겠다고 밝힌 바 있다. 그리고 아슬아슬하게 솟은 석회암 탑들이

지중해 연안의 평야와 반짝이는 바다를 굽어보는 곳으로 가보자. 한쪽에 그가 즐겨 사용했던 디자인의 모티브인 야자나무 잎들이 메마른 땅을 배경으로 활짝 펼쳐져 있을 것이다.

바르셀로나로 돌아갈 때는 잠시 해안의 간선도로를 빠져나와 우회로를 이용하는 것도 좋다. 후회하지 않을 만큼 멋진 작품을 만날 수 있기 때문이다. 시트헤스Sitges와 카스텔데펠스Castelldefels 사이에 위치한 작은 마을 가라프Garraf에 그가 남긴 특이한 작품이 있다. 바로 앙상한 모습의 구엘 저장고

카사 바트요 다락의 곡선형 천장

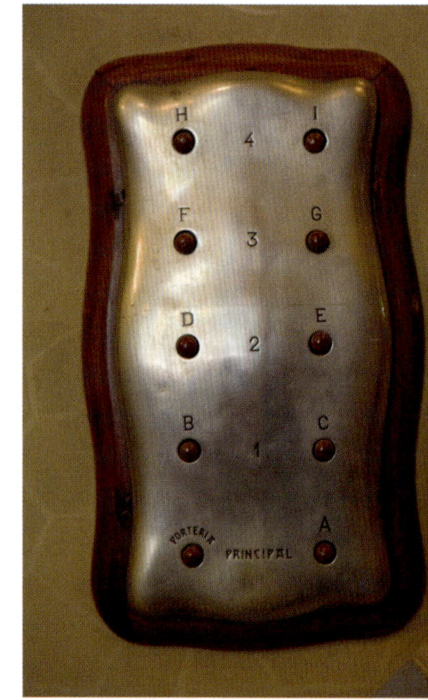
카사 바트요의 초인종

감각적인 곡선으로 이루어진 카사 바트요의 내부

Güell Bodegas다. 에우세비 구엘Eusebi Güell 남작이 수출용 포도주를 저장했던 곳으로 1895년~1901년 사이에 지어졌다. 쇠사슬로 만든 갑옷을 연상시키는 철문이 특히 눈길을 끈다. 바르셀로나로 돌아가는 길에도 또 다른 작품인 콜로니아 구엘Colonia Güell 성당의 지하제실을 만날 수 있다. 산타 콜로마 데 세르벨로Santa Coloma de Cervelló에 있는 건물로 가장 가우디다운 작품으로 꼽힌다.

바르셀로나 도심 한가운데 있는 그라시아 거리Passeig de Gracia에는 스페인의 뜨거운 태양 탓에 녹아내리는 것처럼 보이는 독특한 건물 카사 바트요 Casa Battlló가 있다. 벽은 색색의 도제 타일로, 창문은 스테인드글라스로 화려하게 장식되어 있다. 발코니 모양이 특히 독특한데 마치 연극 분장용 가면을 연상시키고 지붕은 비늘로 덮인 이구아나의 피부를 연상시킨다. 이러한 여러 요소들이 건물에 생기를 불어넣는다. 내부는 물 흐르듯 유연한 곡선으로 이루어져 있다. 걸을 때마다 바스락 소리가 나는 계단과 독특한 모양의 문을 지나 하늘색으로 장식된 중앙 홀을 돌아서 지붕 밑 다락이 있는 곳까지 가 보자. 아치형의 하얀색 천장이 지붕 위까지 올라오라고 손짓하는 것만 같다. 지붕으로 올라가면 색색의 세라믹 구슬을 얹은 기발한 모양의 굴뚝들이 기다리고 있다.

　카사 바트요에서 멀지 않은 곳에는 카사 밀라Casa Milá라고 알려진 라 페드레라La Pedrera 건물이 있다. 바르셀로나에 있는 가우디의 마지막 작품들 중 하나다. 이 역시 구엘 집안에서 의뢰한 것으로 물결모양의 곡선으로 이루어진 독특한 외벽과 환상적인 표현주의 양식의 굴뚝 및 지붕 환기구가 볼 만하다.

　바르셀로나를 여행하는 사람이든 가우디의 흔적을 찾는 사람이든 사그라다 파밀리아 성당을 그냥 지나칠 수는 없을 것이다. 하늘 높이 솟은 성당 첨탑들은 이제 가우디뿐 아니라 바르셀로나 시를 대표하는 상징물이 되었다. 하지만 가우디의 가장 위대한 작품임에도 불구하고 현재까지도 완성되지 않아 늘 공사용 가설물로 둘러싸여 있는 신세다. 가우디 생전에 완성된 탄생의 파사드Façade와 최근에 완성된 수난의 파사드만 둘러보는 데도 서너 시간은 족히 걸린다. 가우디가 말했던 '나무 숲' 안으로 들어가면 나선형 계단이 나온다. 그리고 계단을 따라 탑 위로 올라가면 아름다운 바르셀로나 전경을 감상할 수 있다.

카사 바트요 내부의 창문

가우디의 발자취를 더듬는 여정을 마무리하기에 가장 좋은 장소는 그라시아Gracia 구 교외에 위치한 구엘 공원Parque Güell이다. 가장 생동감 있고 강렬한 가우디의 작품들을 만날 수 있다. 도리아식 기둥으로 밑을 떠받친 광장, 모자이크 타일로 장식된 꾸불꾸불한 모양의 벤치, 잘 구운 갈색 쿠키를 연상시키는 입구의 건물 등이 특히 인상적이다. 바르셀로나 시민들은 가우디의 손길로 빚은 구엘 공원을 찾아와 휴식을 취하고 일몰을 감상한다. 그들과 함께 공원 곳곳에 깃든 안토니오 가우디의 천재성에 흠뻑 빠져보자.

ⓘ **여행정보**

가우디가 만든 건축물 중 몇 곳을 방문하고 싶다면 가우디 루트Gaudi Route 티켓을 구매하자. 입장료를 할인받을 수 있다. 단, 구엘 공원은 입장료가 없다. 유명 작품이 있는 곳은 항상 붐비므로 오랜 시간 기다려야 한다. 기다리는 시간을 줄이려면 가능한 이른 시간에 방문해야 한다. 바르셀로나에서 레우스까지는 기차가 다닌다. 하지만 레우스 주변 시골 경치를 둘러보려면 차를 빌리는 것이 좋다.

카사 바트요의 지붕

페드레라의 중앙 뜰

물결 모양의 곡선으로 이루어진 카사 바트요의 정면 ▶

생명력 넘치는 오리사 부족 탐험

인도 여행은 언제나 평생 기억에 남을 다양한 경험을 선사한다. 특히 오리사Orissa 주는 인도의 그 어느 지방보다도 독특한 곳이다. 남부 산악 지대에 살고 있는 60여 부족의 다양하고 독특한 문화를 엿볼 수 있기 때문이다. 그들은 외부 세계와 교류가 거의 없는 고립된 생활을 하고 있다. 그래서 현재 오리사 지방의 부족문화를 아는 사람은 그리 많지 않다. 인도 힌두스탄 모터스Hindustan Motors에서 제작한 고풍스런 자동차 앰배서더Ambassador를 타고 시간을 거스르는 여행을 떠나보자. 시간이 멈춰버린 듯 예전 모습 그대로를 간직하며 살고 있는 사람들을 만나게 될 것이다.

고풍스런 자동차 앰배서더

시장으로 향하는 주민들

부족들 대부분이 동고츠산맥 산자락에 살고 있다

오리사 주는 인도에서 가장 가난한 주 가운데 하나다. 당연히 관광을 위한 기반 시설도 가장 부족한 축에 든다. 그러나 바로 이런 점들 때문에 오리사 지방의 부족들을 찾아가는 여행을 진정한 여행답게 만드는 것 같다.

산악지대에 사는 부족들을 만나기 위해서는 주도州都인 부바네스와르Bhubaneshwar에서 남쪽으로 이동해야 한다. 본격적인 여정에 오르기 전에 먼저 남동쪽으로 64킬로미터 떨어진 코나라크Konarak 마을에 들러보자. 13세기에 건설된 웅장한 힌두교 사원이 있는데 오리사 주의 대표적인 관광지이다. 힌두교의 태양신 수리야Surya를 모신 사원으로 전면을

코나라크에 있는 태양신 사원

가득 메운 조각품이 그야말로 걸작이다. 코끼리와 관능적인 무희들, 24개의 거대한 마차바퀴 등은 눈이 휘둥그레질 만큼 아름답다.

부바네스와르에서 남쪽으로 10시간 정도 차를 달리면 부족들이 거주하는 지역이 나온다. 이 길은 과거 식민지 시대를 연상시키는 고전적인 자동차 앰배서더와 딱 어울리는 드라이브 코스다. 철새 수백 종의 휴식처인 광대한 칠카Chilka 호수를 지나 시골길을 달려보자. 서쪽으로 향하는가 싶더니 어느덧 숲으로 덮인 동고츠 산맥을 향해 완만한 경사로를 오르기 시작한다.

탑타파니Taptapani 근처에 이르면 가장 규모가 큰 칸다족Kanda을 만날 수 있다. 현재는 대부분의 사람들이 현대식 의복을 입지만 일부 여인들은 지금도 전통 옷과 장신구를 걸치고 있다. 몸에 감는 짧은 치마를 입고 색색의 구슬을 꿰어 만든 화려한 장신구를 목에 칭칭 감아 늘어뜨려 상체를 가린다. 팔찌를 여러 개 하고 코와 귀에는 금과 백랍으로 만든 커다란 고리들이 달랑거린다. 장신구 무게만도 엄청나서 웬만한 힘으로는 버티기 힘들어보인다.

여행의 하이라이트는 뭐니뭐니해도 채티카나Chatikana 마을에서 열리는 동그리아 칸다족Dongria Kandha의 시장구경이다. 이는 외지인에게 개방되는 몇 안 되는 전통 시장이다. 칸다족의 하위 부족인 동그리아 칸다족은 대략 5

천 명 정도로 주로 니얌기리Niyamgiri 구릉 지역에 살며 쿠비Kubi어를 쓴다. 오리사 지방의 부족들은 각각의 고유어를 가진 경우가 많다. 비교적 가까운 지역에 살면서도 각각 다른 언어를 쓰면서 고립된 생활을 한다는 사실이 신기할 뿐이다.

장이 열리는 날이면 진풍경이 벌어진다. 많은 부족민이 장터까지 50킬로미터나 되는 거리를 걸어서 왕복하기 때문이다. 사람들이 줄지어 바삐 걸어가는 모습을 보면 경보경기라도 열렸나 싶다. 다만 머리 위에 쌀, 양념, 신선한 야채 따위가 든 커다란 광주리를 이고 있다는 것이 다를 뿐이다. 여성들은 색색의 구슬과 팔찌, 귀걸이, 목걸이 등으로 화려하게 꾸미는 것도 잊지 않는다. 장식물 중 팔찌는 배우자를 찾는 과정에서 중요한 역할을 한다고 한다. 만약 젊은 남성이 준 팔찌를 끼면 결혼을 허락하는 의미이기 때문이다. 때문에 젊은 남자들은 결혼하고 싶은 아가씨의 손에 어떻게든 팔찌를 끼워

채티카나 시장에 도착하다

오누쿠델리의 장터를 향해 걸음을 재촉하는 본도족 여인들

이른 아침 부족민들이 본도 언덕에서 한담을 나누는 모습

장터에 가려고 걸음을 재촉하는 본도족 여인들

주민들은 50킬로미터가 넘는 거리를 걸어서 시장에 간다

동고츠 산맥 너머로 먼동이 터온다

다채로운 구슬 장식과 목걸이를 한 본도 족 여성의 모습

오누쿠델리 시장으로 가는 본도족 여인들

코나라크 태양신 사원의 관능적인 조각상

주려 한다.

초목이 무성한 계곡 사이로 구불구불 이어진 길이 채티카나에서 마츠쿤드Machhkund를 지나 본도Bondo 언덕지대에 위치한 오누쿠델리Onukudelli까지 뻗어 있다. 이 마을은 본도족들의 전통시장이 열리는 곳이다. 본도족은 오리사 지방의 여러 부족 중 가장 널리 알려진 부족이지만 이곳 역시 방문자는 매우 드물다. 그들이 외부의 영향이나 간섭을 지나치게 거부하는 것도 큰 이유 중 하나이다. 그리고 본도족 남성은 성질이 불같기로 유명하다. 직접 제조한 살랍salap이라는 과실주를 마신 뒤에는 더욱 그렇다. 만약 운이 좋으면 바쁜 걸음으로 시장에 가는 사람들을 볼 수도 있을 것이다. 남성은 활과 화살을 들고 있고 여성은 몸에 치렁치렁 장신구를 매단 모습이다.

이 여행에서는 관광용으로 연출된 장면이 아니라 부족민들의 진짜 삶을 엿볼 수 있다. 현대화와 획일화라는 유혹에 빠지지 않고 전통을 보존하며 사는 사람들이 지구상에 얼마나 남아 있을까. 오리사 지역의 부족 탐험은 이런 모습을 볼 수 있는 흔치 않은 기회다. 아마 언젠가는 그들도 거대한 현대화의 물결 앞에 백기를 들지도 모른다. 하지만 그런 날이 오기 전까지는 현대인들에게 쉬이 잊지 못할 강렬한 경험을 선사할 것이다. 아름답고 당당한 생명력 넘치는 그들의 모습을 어떻게 쉽게 잊을 수 있겠는가.

ⓘ **여행정보** ⋯⋯⋯⋯⋯⋯⋯⋯⋯⋯⋯⋯⋯⋯⋯⋯⋯⋯⋯⋯⋯⋯⋯⋯⋯⋯⋯⋯⋯⋯⋯⋯⋯

부바네스와르에 있는 도브 투어Dove Tours를 비롯해 몇몇 여행사에서 오리사 지역 부족들을 찾아가는 여행 프로그램을 제공한다. 보통 일정은 5~12일 정도이다. 현재 부바네스와르는 숙박시설을 포함한 관광객 편의시설이 많이 좋아진 상태다. 하지만 이곳을 벗어나면 아주 기본적인 수준의 숙박시설 이외에는 이용할 수 없다. 여행사를 잘 선택하면 그 안에서 가장 나은 시설들을 골라줄 것이다. 인도의 국내선 항공사들이 델리에서 부바네스와르까지 항공편을 운항하고 있으며, 기차를 타고 이동할 수도 있다. 기차를 타면 시간은 많이 걸리겠지만 색다른 경험이 될 것이다.

오리사 지역에 사는 많은 부족들은 외부와의 접촉이 거의 없다 ▶

대형 범선에 몸을 싣고

대형 범선 로열클리퍼 호에는 42개의 돛이 있다

돛대를 고정시키는 장치

웅장한 범선 로열클리퍼Royal Clipper 호에 몸을 싣고 유럽에서 가장 유서 깊고 낭만적인 두 도시, 로마와 베네치아를 여행해보자. 최상의 조리법으로 요리한 이탈리아 여행의 성찬盛饌을 즐길 수 있을 것이다. 잠시 들르는 크로아티아의 아름다운 몇몇 섬은 맛을 돋우는 양념이라 생각하자.

로열클리퍼 호는 호화 여객선이지만 돛을 달아 풍력으로 움직이는 범선이다 보니 운행에 무척 손이 많이 간다. 따라서 관심만 있다면 범선 조작과 운전을 직접 거들 수도 있다. 덕분에 일반 크루즈 여행보다 훨씬 즐겁다. 우선 배 자체부터가 여행을 즐겁게 만드는 요소 중 하나다. 범선을 타는 열하루 동안 삼각형의 뒷돛대니, 아래에서 세 번째에 걸리는 윗돛대니 하는 것

해질녘 카프리 항구에 닻을 내린 로열클리퍼 호

들도 제법 구별하게 될 것이다.

　로열클리퍼 호는 스웨덴인 소유주 미카엘 크라프Mikael Krafft의 지휘 아래 설계되어 2000년부터 운항을 시작했다. 실제로 운행되는 세계 최대의 범선이며 수면 위로 60미터 가까이 솟은 다섯 개의 중심 돛대를 비롯해 42개의 돛이 자랑거리다. 로마의 주요 항구인 치비타베키아Civitavecchia에 정박해 있는 로열클리퍼 호를 처음 보는 순간 그 장엄함에 눈이 휘둥그레질 것이다. 반젤리스Vangelis의 '컨퀘스트 오브 파라다이스Conquest of Paradise'가 흘러나오는 가운데 돛을 모두 올리고 초저녁 노을 속으로 나아갈 때면 진한 감동과 아련한 향수로 심장이 다 두근거린다.

배 안에는 각종 시설이 잘 갖춰져 있다. 상갑판에 있는 수영장과 즉석 피아노 연주를 들려주는 바는 물론 스파 시설까지 있다. 바람에 나부끼는 돛이나 푸른 지중해를 내려다보는 것이 지겨워질 때면 따뜻한 온탕에 들어가 푹 쉬는 것도 좋다. 이튿날 정오쯤에 들르는 첫 번째 기항지는 이탈리아 폰지아네Ponziane 제도의 바위투성이 섬 폰자Ponza다. 범선에 딸린 부속선을 타고 탁 트인 곡선 모양의 항구에 도착하게 된다. 항구에는 파란색과 흰색으로 칠을 한 어선들이 즐비하다. 폰자 시 뒤쪽의 경사가 급한 길을 따라 잠시 걸어보자.

폰자 항구 근처에 닻을 내린 로열클리퍼 호

폰자 항구에 정박해 있는 어선들

배들이 정박된 만의 멋진 풍경을 한눈에 감상할 수 있다.

다시 배에 오르면 나폴리Napoli에서 멀지 않은 곳에 위치한 카프리Cápri 섬을 향해 남쪽으로 항해를 시작한다. 카프리까지 이동하는 동안에는 성대한 만찬을 즐길 수 있다. 카프리의 석회암 절벽은 관광객을 끌어들이는 자석과 같은 곳이다. 바다를 바라보며 당당하게 솟은 모습이 초입부터 시선을 끌어당긴다. 해안에서 케이블카를 타면 최신 유행의 패션숍이 늘어선 도심으로 데려다준다. 카프리는 이탈리아 최고 갑부들이 찾는 휴양지로 사람 구경을 하기에도 좋은 곳이다. 로열클리퍼 호의 단체할인 관광프로그램에는 배를 타고 섬 주변을 도는 일정도 포함되어 있다. 카프리의 명물인 석회암 절벽과 후미진 작은

만들을 가까이서 볼 수 있는 절호의 기회다. 저녁이면 42개의 돛을 모두 올리고 다시 항해를 시작하는데, 이는 승객이든 작별인사를 하려고 몰려든 지역 주민들이든 놓치지 말아야 할 또 하나의 진풍경이다. 반젤리스의 음률과 함께 일몰 속으로 항해를 떠나는 것은 정말 황홀한 경험이다. 이 즈음이면 반젤리스의 음률을 어느 정도 외우고 있을 것이다.

카프리를 떠난 배는 아에올리아 제도Aeolian Islands의 리파리Lipari 섬에 잠

카프리 섬에 매달리듯 들어선 집들

카프리 섬 인근에 닻을 내린 로열클리퍼 호

시 들른다. 항구도시를 굽어보고 있는 요새가 매우 인상적인 곳이다. 리파리 섬을 출발한 뒤에는 화려한 불꽃놀이를 감상할 준비를 하는 게 좋다. 늦은 저녁 배는 화산활동이 진행 중인 스트롬볼리Stromboli 섬 주변을 지난다. 섬에서는 짧은 간격이지만 주기적으로 화산폭발이 일어난다. 갑판에 서서 어두운 밤하늘 위로 붉은 용암이 분출하는 장관을 지켜보는 것은 여행의 하이라이트다.

다음날 아침 일찍 로열클리퍼 호는 시칠리아Scillia 섬 메시나Messina에 있는 지아르디니 낙소스Giardini-Naxos에 닻을 내린다. 시칠리아에서 가장 유명한 휴양지 타오르미나Taormina에 가기 위해서다. 해발고도 3,323미터로 세계에서 가장 높은 화산에 속하는 에트나Etna 산을 등반하며 흥미진진한 모험에 도전해보자. 산기슭까지는 일반 버스를 타고 이동한 뒤 몸체에 비해 큰 바퀴가 특징인 전용 미니버스로 갈아탄다. 검은 화산암으로 덮인 길을 요리

유황이 섞여 바닥이 노랗게 보이는 에트나 산

에트나 산은 세계에서 가장 화산활동이 활발한 산 중에 하나다

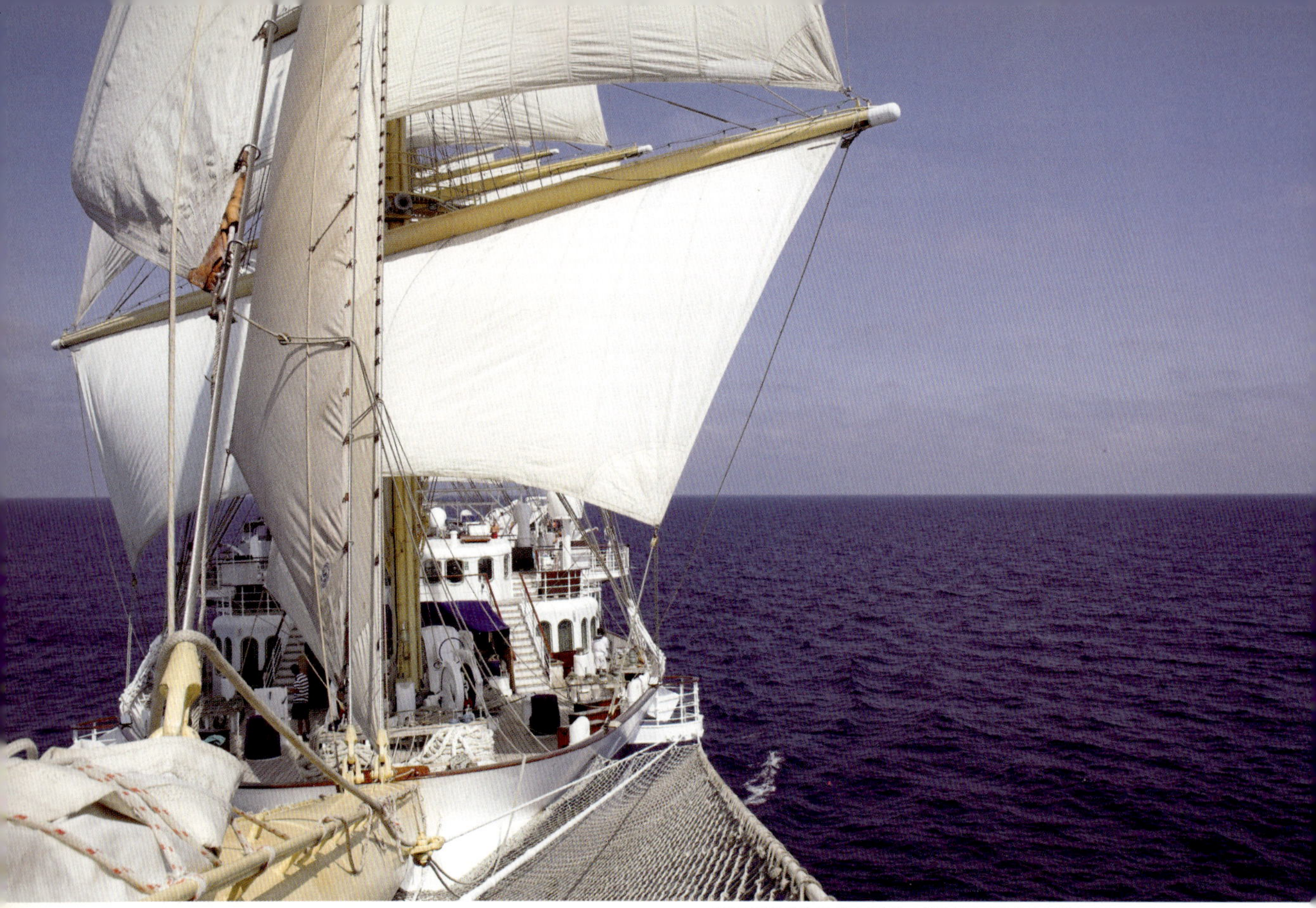

바다 위에서 낮을 보내는 날이면, 그물이 쳐진 이물에서 휴식을 취할 수도 있다

여행 도중 한 번 쯤은 돛대 위로 올라가보자

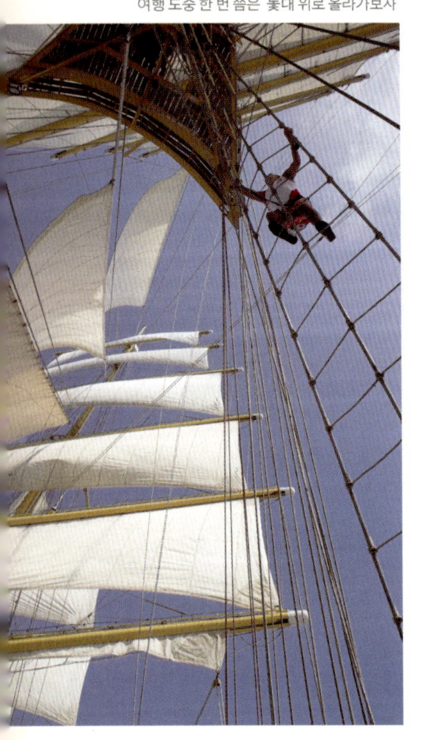

조리 빠져나가다 보면 등산이 시작되는 지점에 도착하게 된다. 초목이 거의 없는 황량한 풍경 사이로 가끔씩 눈에 띄는 노란색 유황 지대가 활기를 불어넣는다. 화산 가스를 분출하는 작은 구멍이라도 만나면 발밑에서 화산의 열기를 직접 느낄 수도 있다. 화산활동이 활발한 에트나 산은 기원전부터 지금까지 근처 마을과 도시에 산발적으로 화산 피해를 주었다. 가장 최근에 일어난 비교적 큰 규모의 폭발은 1992년에 발생한 것이다.

배는 이탈리아 남해안을 하루 동안 항해한 뒤 그리스 쪽으로 방향을 틀어 이오니아 해Ionian Sea에 있는 코르푸Corfu 섬까지 간다. 이곳에서는 사륜구동차를 타고 섬 주변을 둘러보거나 도심만 보는 여행프로그램 중에서 하나를 선택할 수 있다. 도심은 요새와 구시가의 좁은 골목, 왕궁이 하이라이트다. 하지만 사람들로 붐비는 부두를 어슬렁거리는 것도 나름 재미가 있다.

코르푸 섬을 출발한 로열클리퍼 호는 크로아티아 해안을 따라 북쪽 아드리아 해Adriatic Sea를 향해 나아간다. 첫 번째 기항지는 성벽으로 둘러싸인 도시 두브로브니크Dubrovnik다. 상점과 노천 카페, 역사적인 건물들로 넘치는 이 작은 도시는 아름다움으로 세계적인 명성을 얻고 있다. 보는 즐거움이 넘치는 두브로브니크에서 오후를 보내고 나면 안타깝지만 다시 떠나야

한다. 하룻밤을 항해한 후에는 전형적인 뱃사람들의 섬으로 알려진 코르출라Korcula에 도착한다. 잔잔한 해변과 가파른 자갈길이 인상적인 구시가도 좋지만 무엇보다 해변에서 보는 일출이 일품이다. 코르출라는 마르코 폴로 Marco Polo가 베네치아를 오가던 항로 위에 있다. 그래서 도심의 오래된 요새에는 마르코 폴로를 기리는 작은 박물관이 있다.

다시 짧은 하룻밤의 항해 후에 상류들층이 좋아하는 고급스런 분위기의 흐바르Hvar 섬에 도착한다. 초호화 요트들이 즐비한 항구는 배를 정박시키는 장소라기보다는 오히려 화려한 패션쇼 현장을 연상시킨다. 사치스러운 분위기가 별로 마음에 들지 않는다면 근처 성채까지 가벼운 등산을 해보자. 성채 자체보다는 내려다보는 전망이 좋다. 항구에는 16세기의 무기고와 17세기 성당이 있는데 둘 다 둘러볼 만하다. 하지만 승객들 대부분은 여기저기 편하게 앉아 사람구경하는 것을 더 즐기는 눈치다.

코르출라 섬 근처를 항해하는 요트

갑판에서 바라보는 일몰

아름다운 성곽도시 두브로브니크

흐바르의 성벽

베네치아가 가까워질 무렵이면 로열클리퍼 호는 로쉰Losinj 섬에 들른다. 자연 풍광이 너무나 아름다운 천국 같은 곳이다. 자전거를 타고 섬을 둘러보거나 카약을 타고 숲이 울창한 해안가를 돌아보자. 어느 쪽을 택하든 크로아티아에서의 마지막을 산뜻하게 장식하기에는 부족함이 없을 것이다. 마지막 날 이른 아침, 드디어 범선은 그 유명한 베네치아의 수로 위로 들어선다. 승객들 대부분은 베네치아에 며칠 머물면서 '물의 도시'의 매력에 흠뻑 빠져도 보고 환상적이었던 범선 여행을 찬찬히 음미하며 여행을 마무리한다.

ⓘ 여행정보

로열클리퍼 호는 스타 클리퍼Star Clippers에서 운행하는 범선으로 베네치아와 로마 사이를 오간다. 때로는 카리브 해를 항해하기도 한다. 연령대와 상관없이 누구나 즐길 수 있는 여행으로 배의 운행과 조작에 참여하는 것은 어디까지나 자발적인 것이며 필수사항은 아니다. 배 위에서의 생활은 대체로 편안하고 격식에 얽매이지 않는 분위기다. 여행 일정에 맞춰 베네치아에서 로마, 또는 반대 노선으로 저렴한 항공편을 구할 수 있다.

돛을 모두 올리고 흐바르 섬을 떠나는 로열클리퍼 호

베니스의 대운하

해질녘 로쉰 섬을 떠나는 모습

해협을 따라가는 꿈같은 와인 기행

블렌하임은 말보로 와인 산업의 중심지다

뉴질랜드 하면 흔히 스릴 만점의 번지점프나 영화 〈반지의 제왕〉 촬영지 등을 떠올리곤 한다. 그러나 남섬 북단에 위치한 말보로Marlborough와 넬슨Nelson의 아름다운 해안풍경도 이에 견줄 만하다. 산지와 수많은 섬이 어우러진 풍경을 보면 절로 눈이 번쩍 뜨일 것이다. 그리고 이곳의 내륙지방은 세계 최고의 포도주 생산지로 유명해 곳곳에 드넓은 포도밭이 펼쳐져 있다. 이곳에서 최고급 쇼비뇽 블랑Sauvignon Blanc 와인에 흠뻑 취해도 보고, 느긋한 마음으로 드라이브를 즐기며 잊지 못할 추억을 만들어보자.

뉴질랜드에서 가슴 시릴 만큼 아름다운 풍경을 꼽아보라면 너무 많아 선택하기가 어려울 정도다. 하지만 남섬과 북섬 사이, 쿡해협Cook Strait에 면해 있는 연안을 따라 형성된 말보로 사운드Marlborough Sounds는 그 중에서도 단연 돋보인다. 여기서 사운드란 지각 침하와 해수면 상승으로 바닷물이 계곡으로 밀려들어와 형성된 일종의 해협海峽을 일컫는다. 말보로 사운드는 퀸샬롯 사운드Queen Charlotte Sound, 케네푸루 사운드Kenepuru Sound, 펠로루스 사운드Pelorus

Sound 등 3개의 사운드로 이루어져 있다. 와인 양조장 방문으로 자동차 여행을 마무리하고 싶다면 말보로의 동쪽에 있는 와인재배 중심지 블렌하임Blenheim에서 서해안에 있는 넬슨으로 가는 경로를 택하는 게 좋다. 넬슨 모티르 힐스Moutere Hills 지역에는 유명한 고급 와인 양조장들이 있으므로 최고급 와인과 함께 여행을 우아하게 마무리할 수 있다.

북섬 웰링턴Wellington에서 페리를 타고 픽튼Picton으로 가는 방법을 비롯해 말보로 사운드로 가는 길은 수없이 많다. 하지만 추천코스란 늘 있는 법, 남섬의 주요 국제공항이 있

말보로는 쇼비뇽 블랑 와인 산지로 유명하다

요하네스호프는 픽튼으로 가는 길가에 위치한 고급 와인 양조장이다

는 크라이스트처치Christchurch에서 여행을 시작하는 것이 좋다. 카이코라Kaikoura를 거쳐 경치가 좋은 퍼시픽코스트Pacific Coast 고속도로를 지나기 때문이다. 하얗게 밀려오는 파도가 바위에 부딪혀 부서지는 광경을 보며 드라이브를 하는 멋진 경험을 놓치지 말자.

넓은 포물선 모양의 클라우디Cloudy 만이 나오면 내륙으로 방향을 틀어야 한다. 블렌하임은 남쪽에 위더힐스Wither Hills 언덕이 솟아있는 평평한 계곡 안에 자리 잡고 있다. 크라이스트처치에서 북쪽으로 차로 4시간 거리, 픽튼을 중심으로 하면 남쪽으로 25킬로미터

떨어져 있다. 블렌하임에는 70여 개의 와인 양조장이 있으며 포도밭은 수백 개에 이른다. 국제적으로 명성이 자자한 말로보 와인을 맛보기에 더없이 좋은 장소다. 도시의 몇몇 여행사가 와인 투어 프로그램을 운영하고 있으므로 차를 직접 몰다가 엉뚱한 곳을 헤매는 위험을 감수할 필요는 없다. 혹 힘이 넘친다면 자전거를 타고 둘러볼 수도 있다. 양조장들이 그리 넓지 않은 평지에 집중되어 있으므로 자전거로도 충분하다. 자전거를 타면서 앞서 먹은 와인의 취기를 날려버리는 것도 좋은 방법이 될 것이다.

투어를 시작할 양조장은 망설일 것도 없이 몬태나Montana다. 도시 바로 외곽, 카이코라

블렌하임의 헌터스 와인 양조장에 있는 포도밭

로 가는 1번 국도 상에 위치한 몬태나 양조장은 방문객을 위한 최고의 시설을 갖추고 있다. 1973년에 처음으로 상업적인 목적으로 포도나무를 재배해 새로운 판로를 개척하고 뉴질랜드 와인이 세계적인 명성을 얻는 과정에서 늘 선봉에 섰던 곳이다. 말보로 지방에서는 피노누아Pinot noir에서 리슬링Riesling까지 다양한 품종의 고급 와인이 생산된다. 하지만 말보로에게 세계적 와인 생산 중심지라는 명성을 안겨준 것은 뭐니 뭐니 해도 상쾌하고 담백하며 포도맛이 강한 쇼비뇽 블랑이다. 몬태나 양조장에서 6번 도로를 따라 근교의

클라우디 베이는 대표적인 말보로 와
인 양조장이다

포티지로 가는 길에 만나는 아름다운 풍경

작은 마을 렌윅Renwick으로 가는 길에 있는 양조장들도 둘러볼 만하다.

양조장은 어느 곳이나 저마다의 독특한 분위기가 있기 때문에 각각 나름
대로 방문 가치가 있다. 하지만 시간과 개인의 음주량에는 한계가 있으므
로 어쩔 수 없이 방문지를 선별해야 하는 고통이 따른다. 도로 남쪽에서는
위더힐스와 하이필즈 에스테이트Highfields Estate를 추천한다. 토스카나 양식
의 망루가 있어 계곡을 내려다볼 수 있는 전망이 좋은 곳이다. 2월에 방문하
면 말보로 국제와인축제Marlborough International Wine Festival에도 참가할 수 있
다. 축제는 페어홀 다운스Fairhall Downs 양조장 근처의 전용 부지에서 열리는
데 이곳 또한 반드시 들러야 할 곳 중 하나다. 도로 북쪽에서는 와이라우 리
버Wairau River, 헤르조그Herzog, 알랜 스콧Alan Scott, 클라우디 베이Cloudy Bay,
헌터스Hunter's 등을 들러야 한다. 헤르조그는 프랑스의 여행전문지 미슐랭
Michelin에도 소개될 만큼 유명한 레스토랑이다. 클라우디 베이는 자체 와인
상표로 이미 세계적인 명성을 얻고 있으며 헌터스는 최상급 쇼비뇽 블랑 와
인으로 격찬을 받고 있다.

산지로 난 구불구불한 길을 잠시 달리면 픽튼에 도착한다. 도중에 요하네

스호프Johanneshof 양조장에도 들러보자. 픽튼은 북섬을 오가는 인터리스랜더Interislander 사의 페리가 도착하는 중요한 항구 도시이자, 드라마틱한 풍경을 자랑하는 퀸샬롯 사운드의 상류지점이다. 이 지역을 둘러보는 방법은 다양하다. 카약을 타고 바다를 돌면서 돌고래를 감상할 수도 있고, 작은 마을에 우편물을 배달하는 우편선을 타고 즐길 수도 있다. 도보 여행자라면 아나키와Anakiwa에서 쉽Ship 까지 이어진 산길, 퀸샬롯 트랙Queen Charlotte Track을 걸어도 좋다. 이곳을 통과하는 산악지대는 퀸샬롯 사운드와 케네푸루 사운드를 나누는 분기점이다. 총 길이는 72킬로미터지만 중간에 보트를 탈 수 있다. 따라서 몇 시간만 걷다가 보트를 탈 수도 있고 4일 내내 걸어도 된다.

뉴질랜드에서 가장 아름다운 자동차 도로 중에 하나가 이곳 픽튼에서 시작된다. 바로 서쪽 해브락Havelock 방향으로 난 퀸샬롯 도로Queen Charlotte Drive로 총 길이는 40킬로미터다. 길을 따라 있는 작은 만들이 굉장히 아름답다. 풍경에 감탄하다보면 어느새 나무가 울창한 산 속으로 진입한다. 퀸샬롯

말보로에는 수백여 개의 포도밭이 있다

포티지로 가는 도중에 여러 개의 작은 만들을 지나게 된다

퀸샬롯 사운드에 있는 호젓한 해안 산책로, 포티지

늦은 오후, 우선청홍합으로 유명한 해브락에 햇볕이 내리쬐고 있다

케네푸루 사운드

도로는 링크워터Linkwater에서 풍경이 아름다운 또 다른 도로와 교차한다. 케네푸루 사운드 동안을 따라 나선형으로 뻗어 있는 도로인데 직선구간이 거의 없으므로 운전에 신경을 써야 한다. 구불구불한 도로를 한참 달리다 보면 포티지Portage의 평화로운 만에 도착한다. 이곳에서는 마치 넓은 광장을 운전하는 것처럼 편안한 기분이 들 것이다.

펠로루스 사운드 상류에 위치한 해브락은 뉴질랜드 우선청홍합Greenshell mussel(껍질이 청색인 홍합-옮긴이) 산업의 중심지다. 때문에 해브락을 방문한 여행자는 누구나 쇼비뇽 블랑 와인과 함께 커다란 그릇에 담겨나오는 우선청홍합을 먹는다. 이곳에서 다시 6번 도로로 들어서 리치몬드 산맥Richmond Range 기슭의 산악지대를 통과한 후 서쪽으로 달리면 좁은 협곡이 나온다. 그리고 그림 같은 풍경의 라이 계곡Rai Valley으로 이어진다. 계속해서 구불구불한 산길을 따라 북쪽으로 돌면 프렌치 패스French Pass 못미처 오키위 베이Okiwi Bay 마을이 나타난다. 산지를 뒤로 한 채 크루아쥬Croisilles 항구의 후미진 작은 만에 위치한 이 마을은 무척 아늑한 느낌이다.

간선도로로 다시 돌아와 차를 달리면 곧 타스만 베이Tasman Bay 수역이 나오고 넬슨 시에 도착한다. 넬슨 시에도 볼거리는 많다. 하지만 와인애호가들

넬슨 시 모우테레 힐스에 있는 리무 그로브 양조장

해브락의 일몰

프랜치 패스로 가는 길에 있는 오키위 베이

은 남쪽으로 더 달려 모투에카Motueka까지 가는 쪽을 택한다. 탁 트인 와이메아Waimea 평야에 위치한 모투에카에는 최고급 포도주를 소량 생산하는 특별한 양조장들이 있기 때문이다. 양조장들은 대부분 모우테레 힐스Moutere Hills 부근, 완만한 경사지에 자리 잡고 있다. 너무 훌륭한 와인을 두고 차마 발길이 떨어지지 않는다면 배송도 가능하다. 집으로 돌아가서도 오래도록 뉴질랜드에서 맛보았던 꿈같은 생활을 음미할 수 있을 것이다.

우선청홍합으로 유명한 헤브락의 중심 항구

ⓘ **여행정보** ·····

남섬의 크라이스트처치나 북섬의 웰링턴에서 인터리스랜더 페리를 이용하면 말보로에 쉽게 갈 수 있으며 공항에서 차를 렌트할 수도 있다. 차를 빌릴 때는 보험료 자기부담금을 반드시 확인해야 한다. 금액이 상당하다. 뉴질랜드의 도로는 대부분 조용해서 드라이브하기에는 최적의 장소다. 하지만 커브가 많아 천천히 차를 몰아야 한다. 따라서 드라이브 시간을 과소평가해서는 안 된다. 그리고 어느 곳에서든 다양한 수준의 질 높은 숙소를 이용할 수 있다.

스타킹 섬 탐험

엑서마Exuma 제도에 160킬로미터 길이로 사슬처럼 늘어선 작은 섬들은 카리브 해가 대접하는 근사한 칵테일과 같다. 무심히 지나치지 말고 천천히 맛을 음미해보자. 눈부신 푸른 바다로 둘러 싸인 작은 산호섬에는 아름다운 순백의 모래사장이 있고, 비밀스레 숨어 있는 만과 워낙 외져서 으슥하게 느껴지는 오솔길도 있다. 엑서마 제도에는 이런 작은 산호섬이 총 365개나 있는데 저 마다 특색이 달라 우리의 눈을 즐겁게 한다. 게다가 물이 매우 깨끗하고 따뜻한 산들바람이 연중 쉬지 않고 불어 바다에서 카약을 즐기려는 사람들의 천국이 되고 있다.

바하마의 수도 나소Nassau에서 불과 56킬로미터 떨어진 곳에 넓이가 25만 9천 제곱킬로미터 에 이르는 바하마 군도가 자리잡고 있다. 그리고 그 중심에 엑서마 제도가 있다. 이곳을 둘러 보는 데는 해양용 카약만큼 좋은 교통수단이 없다. 견고하고 안정적인 카약은 수면 위와 수 중을 동시에 관찰할 수 있는 최고의 경험을 선물한다. 수정처럼 맑은 수면 위를 미끄러지듯 움직이며 시시각각으로 변하는 수중 세계를 살펴보기에 이보다 더 좋은 방법은 없을 것이다.

'바하마Bahamas'라는 단어는 스페인어 '바하 마르baja mar', 즉 '얕은 바다'라는 단어에서 유 래했다. 이름처럼 수심이 얕은 바하마 제도에서는 요트나 대형 선박이 육지에 가까이 접근할 수가 없다. 카약을 타는 경우에도 차분하게 노를 저어 좁은 만과 만 사이를 미끄러지듯 오가

랫 섬 주변을 지나가는 카약

야 한다. 물이 얼마나 깨끗하고 맑은지 물속을 오가는 쥐가오리며 수염상어 따위를 죄다 볼 수 있을 정도다.

카약에 야영 도구와 음식을 담은 여분의 저장고만 실으면 번잡한 일상에서 확실하게 벗어날 수 있다. 아직 잘 알려지지 않아 사람이 드문 바하마의 오지에서 원시적인 자연과 혼자만의 자유를 만끽해보자. 밤을 보낼 야영지 주변으로는 야자나무가 늘어서 있고 해변에는 코코야자와 조개껍질이 뒹군다. 마치 망망대해 작은 섬에 혼자서 살아남은 기분이 들 것이다. 하지만 두려워할 필요는 없다. 태양이 수평선 너머로 잠기는 해질녘에 한적한 해변에 앉아 광활한 바다를 바라보라. 강렬하게 붉은 빛으로 불타는 하늘 아래서 카리브 해가 선사하는 열대의 황홀경을 확실하게 경험할 수 있을 것이다.

수백 개의 산호섬 중에서 가장 큰 곳은 남쪽에 위치한 그레이트 엑서마 Great Exuma 섬이다. 섬의 행정 중심지인 조지타운George Town에서 차로 30분 정도 가면 소형 비행장과 방문자들이 주로 이용하는 관문이 나온다. 북회귀선에 의해 양분되는 조지타운은 엘리자베스Elizabeth 항구 서안에 위치한다.

또한 인근에 석호로 둘러싸인 스타킹Stocking 섬이 있어 대서양의 거친 풍파로부터 보호를 받는다. 안락한 피난처인 조지타운의 멋진 만에서는 매년 가족요트대회가 열린다. 본격적인 산호섬 탐험을 떠나기 전 대회에 참가해 카약과 한판 씨름을 벌여보는 것도 좋다.

카약 여행의 출발지는 그레이트 엑서마 섬 북단의 한적한 마을 바레타레 Barretarre다. 조지타운에서 차로 40분 거리인데 카약 여행에 적합한 최고의 자연 조건을 갖추고 있다. 보이지Boysie 섬, 랫Rat 섬, 외부로부터 격리되어 아늑한 느낌을 주는 브리간틴Brigantine 열도 등과 같이 역풍을 안고 가야 하는 엑서마 해협의 산호섬들에 접근이 용이하기 때문이다. 브리간틴 열도는 외딴 섬들이 서쪽 방향으로 얇은 띠를 이루며 점점이 박혀 있는 지역으로 하늘에서 보면 꼭 징검다리처럼 보인다. 카약을 타고 작은 산호섬 사이를 이리저리 다니다보면 모습이 끊임없이 변하는 다양한 수역을 만날 수 있다.

뉴 섬

릴리 섬에 도착하는 모습

롱 섬, 해변의 맹그로브 숲 사이를 누비며 나아가는 모습

조지타운의 세인트 앤드류 성공회 교회

출발지점에서 그리 멀지 않은 보이지 섬은 여행의 첫날을 마무리하기에 좋은 곳이다. 야영하기에 좋은 모래톱도 있다. 그리고 섬 북동쪽으로 가면 바위들 사이에 유난히 움푹 들어간 지점이 있는데 대서양의 깊은 바다 속을 들여다보기에 안성맞춤인 장소다. 뿐만 아니라 굽이치는 파도를 감상하기에도 좋다.

그레이트 엑서마 섬의 북쪽 끝, 푸딩 포인트Pudding Point를 돌아가면 바다의 외양이 다시 한 번 바뀐다. 물이 굉장히 맑아 해저가 보이지 않는 곳이 거의 없으며 수면은 평화롭기 그지없다. 햇빛이 밝게 비칠 때면 짙은 정록색 바다가 보석처럼 반짝이는데 아찔할 만큼 투명한 파란색 하늘과 절묘한 대비를 이룬다.

브리간틴 열도를 따라 가면 골드 링Gold Ring, 폴스False, 지미Jimmy 등으로 불리는 섬들이 나타난다. 그리고 해안 낭떠러지 아래의 동굴이나 비밀스럽게 숨어 있는 작은 만들도 이따금씩 볼 수 있다. 살랑살랑 노를 저으며 지나노라면 금방이라도 숨어 있던 해적들이 보트를 공격해올 것만 같은 기분도 든다. 근처 롱Long 섬 남단에는 뒤로 야자나무가 쭉 늘어선 만이 있어 잠시 쉬어가기에 좋다. 더구나 과거 해적들처럼 직접 약탈을 해볼 기회까지 주어

새벽 햇살 속의 맹그로브, 롱 섬

동이 터오는 하늘, 롱 섬

진다. 갓 떨어진 싱싱한 코코넛을 '약탈'해 부지런히 노를 젓느라 생긴 갈증을 풀어보자.

뉴New 섬에 도착하면 울퉁불퉁한 석회암 해안을 따라 어렵지 않게 섬 남동쪽 석호潟湖로 들어갈 수 있다. 석호는 맹그로브가 자라고 있어 맹그로브 크릭Mangrove Creek이라 불리는 작은 만으로 이어진다. 무성하게 자란 맹그로브의 싱싱한 초록빛과 복잡하게 얽힌 뿌리가 강렬한 색상 대비를 나타내 매우 인상적이다.

그레이트 엑서마 섬으로 다시 돌아올 때는 크게 두 가지 방법이 있다. 우선 지금까지 이동하면서 둘러본 섬들의 반대편으로 노를 저어 오는 방법이다. 같은 섬의 다른 면을 보는 색다른 맛을 느낄 수 있다. 브리간틴 열도를 북서로 가로지른 다음 노르만스 폰드Norman's Pond 섬 방향으로 가는 방법도 있다. 리 스타킹Lee Stocking 섬부터 윌리엄스Williams, 칠드런스 베이Children's Bay까지 섬들을 따라 이동한다. 이후 넓은 만이 있는 랫 섬이 나오는데 바로 이곳이 여행의 마지막 야영지다.

그레이트 엑서마 섬에서 출발하고 끝내는 카약 여행은 여러 옵션 중 하나일 뿐이다. 크고 작은 섬과 아늑하게 자리 잡은 외딴 해역이 너무 많아 어디를 둘러봐야 할지 고민스러울 정도다. 엑서마 제도 북단에 있는 리틀 엑서마Little Exuma 섬에서 출발하는 방법도 있다. 이 길을 택하면 왁스Wax 섬과 콘치Conch 섬 사이에 있는 엑서마 케이랜드&씨파크 Exuma Cay Land&Sea Park를 둘러볼 수 있다. 1958년에 조성된 양식장 겸 해양테마공원으로

일몰 속에서 카약을 타는 모습, 롱 섬

아름다운 풍광은 물론 정박시설을 비롯한 부대시설도 훌륭하다. 이백 살 된 바다거북이나 이구아나의 일종인 바하마 큰뱀 등과 함께 야영하는 영광을 누릴 수도 있다.

　이곳에서는 같은 길, 같은 풍경이란 있을 수 없다. 물살과 빛, 색채가 끊임없이 변하기 때문이다. 환상적인 풍경에 항해까지 쉬운 수역이다 보니 열대의 천국이 따로 없다. 떠날 때쯤 되면 난파라도 당해 이곳에 좀 더 머물렀으면 하는 심정이 들지도 모른다.

ⓘ **여행정보** ⋯⋯⋯⋯⋯⋯⋯⋯⋯⋯⋯⋯⋯⋯⋯⋯⋯⋯⋯⋯⋯⋯⋯⋯⋯⋯⋯⋯⋯⋯⋯⋯⋯⋯⋯⋯⋯⋯

엑서마에 있는 하나뿐인 카약업체 스타피시Starfish에서 카약여행 프로그램을 운영한다. 조지타운에서 출발하는 1일짜리 일정부터 기간도 다양하다. 보조 보트를 포함해 상비 일제를 제공한다. 10일짜리 '성통 엑서마 카약' 프로그램에는 카약여행 3박 4일과 그레이트 엑서마 북쪽의 외딴 섬 체류 등이 포함되어 있다. 마지막 3일은 조지타운이나 근처 편안한 숙박시설에서 보내면서 자유시간을 갖는다. 개인 취향에 따라 다양한 활동도 할 수 있다. 배를 타거나 드라이브, 혹은 자전거 여행을 할 수도 있고 보트를 타고 하는 생태여행을 즐길 수도 있다.

코브레 협곡을 달리는 체페 기차

멕시코의 북서쪽 시에라마드레Sierra Madre 산맥의 가파르고 울퉁불퉁한 산들 사이에 있는 코브레 협곡Barrancas del Cobre(구리협곡이라는 의미-옮긴이)은 세상에서 가장 드라마틱한 기차여행을 할 수 있는 곳이다. 총 길이 653킬로미터에 달하는 거리를 체페Chepe 기차를 타고 해발고도 4,000미터에서 해수면 높이까지 실로 다양한 고도를 아우르는 멋진 기차여행을 떠나보자. 기차는 치와와Chihuahua 대평원을 가로지르고 험준한 산들을 통과하며 태평양 연안의 평야를 가로질러 로스 모치스Los Mochis까지 질주한다. 여행 도중 만나는 아름다운 풍경에 감탄사를 연발하게 될 것이다.

체페 기차의 기관실

체페 기차여행은 좌석에 앉아 멍하니 창밖을 바라보는 그런 여행이 아니다. 볼거리도 많고 할 일도 많은 여행이다. 전통적인 멕시코 마을과 타라우마라Tarahumara 인디언 마을을 방문하기도 하고 협곡을 직접 등반해볼 수도 있다. 쉬지 않고 달리면 15시간에 끝나는 여행이지만 대부분은 이삼일 정도의 일정을 짠다. 여행자들이 주로 이용하는 일등석 기차, 즉 '관광용' 기차인 체페 프리메라 익스프레스Chepe Primera Express는 하루에 한 번 양쪽 방향으로 달린다. 따라서 일정에 변화를 주면 다음 기차를 타기 위해서는 숙박을 해야 한다. 일등석을 타면 말쑥한 제복을 입은 승무원에 에어컨이 가동되는 객실, 비행기 비지니스석과 같은 넓은 좌석 등이 제공되므로 무척 쾌적하고 편안한 여행을 할 수 있다.

체페는 어두컴컴한 새벽녘에 치와와를 출발한다. 기차는 금세 도시를 벗어나 풀로 뒤덮인 평야로 접어드는데 드넓은 평원 위로 떠오르는 장엄한 일출을 감상할 수 있다. 태양의 열기가 밤의 한기를 몰아낼 즈음, 기차는 쭉 뻗은 직선철로를 따라 속력을 높인다. 여행을 하다 보면 현지인들이 관광객을 의식하기 때문에 있는 그대로의 모습을 보기 어려운 경우가 많다. 하지만 기차 안에 있으면 현지인들이 관광객을 의식하지 않는다. 때문에 멕시코 사람들의 일상을 '있는 그대로' 스냅 사진에 담을 수 있다. 기찻길을 따라 걷는 노인들의 모습이나 자전거를 타고 일터로 향하는 사람들의 모습과 같이 말이다. 그들은 대부분 파나마 풀잎을 잘게 쪼개 엮은 크림색 모자를 쓰고 있다. 산타 이사벨Santa Isabel이나 산 안드레스San Andrés와 같이 작은 마을을 통과할 무렵에는 아이들 수십 명이 부지런히 학교로 향하는 모습도 볼 수 있다. 주름 잡힌 빳빳한 교복을 입은 아이들의 모습이 싱그럽다.

치와와 근처의 탁 트인 시골지방

첫 번째 경유지인 차우테모크Chauhtémoc역을 지나면 수천 에이커에 달하는 광활한 사과 과수원이 나타난다. 1920년대 초반 이곳에 정착한 메노나이트파Mennonite 신도들이 경영하는 곳이다. 그들은 현재도 공동체를 강조하는 16세기 재침례파再洗禮派의 가르침을 따르며 전통적인 생활방식을 고수하고 있다. 경건주의를 표방하고 외부와 단절된 생활을 하는 아미시Amish 교도와 흡사하기 때문에 이곳엔 전기도 들어오지 않고 차도 없다. 약 50킬로미터를 더 가면 라 훈타La Junta 마을이 나온다. 여기서부터 기차는 시에라마드레 산맥을 오르는 돌이킬 수 없는 여정에 접어든다. 기차는 작은 강들을 따라 달리는가 싶다가 초목이 무성한 아름다운 계곡을 가로지른다. 객차 사이의 문에 달린 창문을 열면 그림처럼 아름답고 드라마틱한 풍경을 훨씬 잘 감상할 수 있을 것이다. 고도가 높아지면서 기온은 눈에 띄게 내려간다.

여행의 하이라이트라고 할 만한 풍경은 아직 모습을 드러내지 않았다. 하지만 황량하고 척박한 곳에 이런 철로를 건설했다는 사실 자체가 경이로울 뿐이다. 길은 뱀처럼 휘고 뒤틀린 채 굽이굽이 위를 향한다. 바위를 깎아 선

코브레 협곡은 세계 최대 규모를 자랑한다

테모리스에 있는 다리

로를 만들었으며 36개가 넘는 다리와 87개 이상의 터널을 통과하게 된다. 장장 90년 동안 공사 중단과 재개를 반복한 끝에 1961년 완성된 이 철로는 토목공학 사상 위대한 업적으로 세계적인 인정을 받고 있다.

다음 역은 재재소가 있는 마을 크릴Creel이다. 많은 여행자가 이곳에서 하룻밤을 보낸다. 크릴은 코브레 협곡으로 들어가는 투어를 하기에도 좋은 지점이고, 타라우마라 족 마을도 근처에 있다. 하지만 특별한 숙소를 찾는다면 그 다음 역에서 내리자. 50킬로미터를 더 달리면 협곡 언저리에 위치한 디비사데로Divisadero라는 작은 마을이 나온다. 호텔이라고는 달랑 하나뿐인 정말 작은 마을이다. 체폐는 이곳에서 15분 정도 머무는데, 전망이 좋기 때문에 승객들이 사진을 찍을 수 있도록 배려하는 것이다. 하지만 시간에 쫓기면서 번갯불에 콩 볶아 먹듯 허겁지겁 사진을 찍자면 아쉬움이 남는다. 정오경에 도착했다면 더더욱 그렇다. 따가운 햇살 때문에 계곡이 하얗게 보여 제대로 만끽할 수 없기 때문이다. 따라서 하나뿐인 호텔에서 하룻밤을 머물며 기가 막힌 전망을 감상해보기 바란다. 발코니가 정확하게 협곡 언저리에 위치하고 있어 일몰과 일출 시간이면 그야말로 장관이 연출된다.

디비사데로는 가이드와 함께 협곡 가장자리를 따라 도보여행을 할 수 있는 좋은 지점이기도 하다. 며칠 여유가 있다면 협곡 바닥까지 내려가는 도보 여행을 할 수도 있다. 중간에 야영을 하면서 말이다. 협곡 위쪽의 고산풍경이 아래로 내려가면서는 망고와 오렌지 나무가 자라는 열대지방 풍경으로 바뀐다. 코브레 협곡이라는 명칭은 사실 서로 연결된 여섯 개의 협곡을 묶어서 통칭하는 것이다. 이를 합치면 면적이 미국 그랜드캐니언Grand Canyon의 네 배에 달하며 깊이도 훨씬 깊다. 가장 깊은 곳은 우리케Urique Canyon 협곡인데 협곡 가장자리에서 바닥까지의 깊이가 1,879미터나 된다.

디비사데로에서 하룻밤을 머물면 좋은 이유가 또 하나 있다. 잠시 휴식을 취하면서 협곡의 가장 아름다운 구간을 볼 마음의 준비를 할 수 있다는 점이다. 숨 막히는 아름다움을 감상하기 전에 잠시 숨을 고를 필요가 있다. 협곡의 절벽과 울퉁불퉁한 봉우리들이 하늘 높은 줄 모르고 치솟는 장엄한 구간이 이어지기 때문이다. 체페는 존재 자체만으로도 놀라운 터널을 통과하

크릴 마을 근처의 평야를 가로지르는 체페 기차

테모리스 위쪽의 좁은 터널

디비사데로에서 산길을 따라 걸으면 협곡의 아름다운 풍경을 볼 수 있다

면서 '갈지자' 모양으로 휜 산악 철로 위를 달려간다. 문득 중력의 법칙에 도전하고 있는 게 아닌가 싶은 생각이 들기도 한다. 가끔 선로가 한쪽은 절벽에 매달려 있고 반대쪽은 소용돌이치며 흐르는 강물을 바라보는 모양으로 나 있기도 하다. 테모리스Témoris에서는 대가의 솜씨임에 분명한 삼중으로 꼬인 지그재그 철길이 나타난다. 계곡 쪽으로 얼마나 멀리 내려가는지를 보면 경탄스러울 뿐이다. 셉텐트리온Septentrión 강을 향해 수직으로 낙하하는 폭포와 강바닥에서 솟구쳐 오른 단일 암석 봉우리들이 장관을 연출하는 테모리스는 분명 코브레 협곡이라는 왕관에 박힌 가장 아름다운 보석이다.

엘 데스칸소El Descanso와 로레토Loreto를 향해 구불구불 꼬인 철로를 따라 가는 길의 주변 경치는 아름다움의 극치를 달린다. 강에 놓인 긴 다리를 가로지르고 아름다운 호수의 외곽을 따라 달리기도 한다. 마침내 지형이 완만해지고 기온도 올라가기 시작할 무렵, 기

로레토 근처의 호수

차는 다시 속력을 높여 서쪽으로 나아간다. 해안 평야를 지나면 엘 푸에르테El Fuerte다. 여기서 몇 시간을 달리면 나오는 로스 모치스가 체페 기차의 공식 종착역이다. 하지만 이렇다 할 특징이 없는 평범한 도시다보니 여행자들은 대부분 스페인의 식민도시였던 엘 푸에르테에서 여행을 마무리한다. 야자나무가 줄지어 서 있는 휘황찬란한 광장에 앉아 따사로운 오후의 햇살을 만끽하면서 평생 잊지 못할 기차여행의 감동을 되새겨보자.

ⓘ 여행정보 ··

체페의 1등급 기차는 양 방향으로 하루에 한 번씩 운행한다. 주로 주민들이 이용하는 2등급 기차도 역시 하루에 한 번 운행하는데 속도도 느리고 1등급 기차에서 누릴 수 있는 많은 편의시설이 제공되지 않는다. 기차표는 도중하차할 역에 맞춰 구매가 가능하며 당일에도 표를 살 수 있지만 성수기인 5월에서 10월 사이에는 예매를 하는 편이 좋다. 치와와, 디비사데로, 포사다 데 바란카스 Posada de Barrancas, 엘 푸에르테 등지에 좋은 호텔이 있지만 다른 역에서는 괜찮은 숙소를 찾기가 어렵다. 체페 기차의 출발역이자 종착역인 치와와와 로스 모치스에 공항이 있다.

시에라마드레 산맥 사이로 난 철로, 디비사데로

크릴 마을 근처의 평야에서 바라본 일몰

더디 가서 좋은 마차 여행

글렌달록에 있는 아름다운 호수

저속 차선을 운전하듯 더디 가는 여유로운 삶을 꿈꾼다면 아일랜드의 위클로Wicklow에 가서 마차를 타보자. 마차에 몸을 맡긴 채 크고 작은 길을 따라 나른한 시골지방을 졸면서 느릿느릿 즐기며 가는 여행. 가끔 마주치는 아일랜드 사람들이 탄 짐마차, 그리고 어서 오라고 유혹하는 탁 트인 도로뿐인 단순한 세상이 펼쳐진다.

목가적인 전원풍경 속을 달리는 아일랜드 마차여행은 단순해서 오히려 더 매력적이다. 곁가지 없이 여행의 기본에 매우 충실한 여행이기 때문이다. 경작용 트랙터 소리에 섞여 목장의 개 짖는 소리며 시니shinny(스코틀랜드 및 잉글랜드 북부 지역에서 아이들이 하는 하키를 단순화한 경기-옮긴이) 경기를 하는 아이들의 고함소리도 들려온다. 게다가 아일랜드 마차여행은 융통성이 많은 여행이기도 하다. 바로 뒤에 여행 중 머물 수 있는 짐마차가 따라오는데다 기운센 말까지 있으므로 어디든 원하는 대로 갈 수가 있다.

서쪽으로 향하면 히스가 무성한 울퉁불퉁한 산지와 날카로운 계곡들이 나타난다. 빙식작

용으로 생긴 U자형 계곡으로는 영국제도에서 가장 길고 드라마틱한 글렌말루어Glenmalure 계곡과 아찔할 만큼 아름다운 호수를 품고 있는 글렌달록Glendalough 마을 등이 모두 서쪽에 있다. 반대로 동쪽으로 가면 전혀 다른 풍경을 만나게 되는데 계속되는 모래언덕을 배경으로 펼쳐진 넓고 인적이 드문 해변이 나온다. 따라서 이곳에서의 여정은 스스로 개척해야 할 미지의 영역이라고 할 수 있을 것 같다. 정해진 목적지도 일정도 없으므로 모든 것을 스스로 자유롭게 결정할 수 있다는 것이 특징이다.

얽히고설킨 조용한 시골 도로망을 쉽게 확보할 수 있으므로 여행에 큰 어려움은 없다. 동선 계획을 짜기도 쉽다. 가끔 방향을 잃어 통행량이 많은 도로로 들어서기도 하겠지만, 지도에 도로망이 잘 표시되어 있으므로 어렵지 않게 빠져나올 수 있을 것이다. 정해진 여정은 없어도 공인된 숙박업소는 꽤 많다. 말이 풀을 뜯을 목초지와 물은 물론 샤워시설까지 갖춘 곳들이다. 대부분의 마차 여행자들은 가장 한적하고 조용한 길에 있는 숙소를 택하곤 한다.

글렌달록의 오솔길

마차여행을 할 수 있는 교외는 위클로 주 더블린Dublin 남쪽에서 차로 2시간이 채 되지 않는 거리에 있다. 위클로 주는 워낙 녹음이 우거져서 '아일랜드의 정원'이라는 별칭이 붙은 곳이다. 마차를 타고 한적한 시골길을 달리기 위해서는 반드시 거쳐야 할 관문이 있다. 짐마차 관리에 관한 집중교육이 바로 그것이다. 일주일간 직접 돌봐야 할 말이 생긴다는 것은 갑자기 어린 아이를 맡게 되는 상황과 같다. 굉장히 크고 먹성도 좋은 녀석이라는 것이 차이라면 차이일 것이다. 말은 여행 시작 때부터 관심을 갖고 정성을 기울여야 하는 가장 중요한 존재다.

짐마차와 말을 대여해주는 곳에서 말에 대해 필요한 모든 것을 배울 수 있다. 방목장에서 한가하게 풀을 뜯는 녀석을 꼬드겨 여행을 시작하려면 어떻게 해야 할까. 이는 날마다 이른 아침에 해야 하는 매우 중요한 일이다. 비결은 바로 귀리가 든 큰 바구니로 그냥 들고 있기만 하면 된다. 녀석들은 귀리 냄새를 재빨리 알아채고 놀랄 만큼 능숙하게 움직여 주둥이를 바구니 안에 집어넣는다. 그러면 훨씬 협조적이고 고분고분해질 것이다. 먹이를 먹인 다음에는 쇠주걱으로 말발굽 사이에 낀 돌을 제거해준다. 돌을 제거해주지 않으면 말이 걸을 때 절뚝거리기 때문이다. 그리고 솔로 가죽과 갈기의 먼지를 털어낸다.

말을 붙잡고 약간의 씨름을 한 뒤에야 1단계는 마무리된다. 그러고 나서 굴레를 씌우고 안장을 얹은 후 밝은 색으로 칠해진 집시풍의 마차 굴대를 안장에 연결해야 한다. 0.5톤이나 나가는 큰 동물을 다루는 일이므로 처음에

는 당연히 겁이 날 수밖에 없다. 하지만 말을 전혀 다뤄본 적이 없는 사람이
라도 쉽게 할 수 있도록 모든 여건이 갖춰져 있다.

처음의 두려움을 뒤로 하고 당당하게 농장 문을 열고 나오면 어느새 길
위를 걷고 있을 것이다. 덜컹덜컹…삐걱삐걱… 안정감 있게 들려오는 마차
소리와 다가닥다가닥… 커졌다 작아졌다를 반복하는 말발굽 소리가 친구
처럼 편안하게 느껴진다. 관목이 양 옆으로 늘어선 좁은 길을 따라 그렇게
첫날 여정은 시작된다. 마차 앞에 설치된 나무 의자에 앉아 말고삐를 꼭 쥔
당신에게 7일간의 여정이 펼쳐지는 것이다. 출발지인 카리그모어Carrigmore

글렌달록 근처의 숲길

에서 북쪽으로 천천히 말을 달리면 무성한 초원으로 둘러싸인 글레넬리 Glenealy가 나타난다. 그리고 카릭Carrick 산기슭을 지나 가리두프Garryduff와 오바인스 농장O'Byrne's Farm까지 가면 첫날 여정은 끝이 난다. 농장에서 직접 만든 스콘과 이 지방 전통음식인 통밀빵을 먹으면서 하루를 마무리하자.

서쪽으로 이동하면 풍경은 서서히 변하기 시작한다. 그전까지 주로 관목이 무성하게 자란 숲길을 지나왔다면 이제는 산악 풍경이 펼쳐진다. 여정의 하이라이트는 두말할 것도 없이 드라마틱한 빙식 계곡 글렌말루어다. 끝이 들쭉날쭉한 가파른 절벽과 세차게 떨어지는 폭포, 빽빽하게 자란 이끼로 뒤덮인 비탈을 보노라면 이곳이 마이클 드와이어Michael Dwyer의 은신처였던 이유를 쉽게 이해할 수가 있다. 그는 1798년 영국군에 대항해 봉기를 일으킨 아일랜드인들의 영웅이다. 당시 그는 영국군의 추적을 피해 이 협곡으로 들어왔었다.

아크로우Arklow로 향하는 길에서 주변 풍경은 다시 한 번 달라진다. 아크로우는 세인트 조지 해협St George's Channel의 가장자리 아늑한 곳에 자리 잡은 활기 넘치는 어촌이다. 바다 저 멀리까지 보이는 한적한 해변길이 북쪽 브리타스Brittas 만까지 이어진다. 브리타스 만의 모래사장은 눈부실 만큼 아름답고 정갈하다.

아보카에 있는 피츠제랄드 선술집. 1996년부터 2001년까지 방영된 BBC 의 텔레비전 드라마 〈Ballykissangel〉에 등장한다

글렌말루어에 도착하다

가리두프로 가는 길

마차는 느리게 천천히 가서 좋다. 의자에 등을 기댄 채 느긋하게 앉아 구불구불 휜 길의 굽이를 돌 때마다 나타나는 새로운 풍경들을 감상해보자. 최고 속도가 시간당 6킬로미터로 제한되어 있는데다 서둘러 가야 할 이유도 목적지도 없으므로 풍경을 천천히 음미할 여유가 생긴다. 잠시지만 완전히 긴장을 푼 편안하고 단순한 순간을 즐기게 될 것이다.

여행이 끝날 즈음에는 말의 느린 걸음에 비해 정말 많은 곳을 다녔다는 생각이 들게 된다. 느린 속도로 움직이면서도 7일 동안 그렇게 많은 풍경을 봤다는 사실이 놀라울 뿐이다. 심지어 일주일이 부족하다는 안타까움마저 느끼게 된다. 마음 깊은 곳에서는 깊은 잠에서 깨어난 방랑자의 영혼이 꿈틀거리고 앞에 놓인 길은 어서 오라고 자꾸만 손짓한다.

글렌말루어의 일출

클리스만 호스 카라반Clissmann Horse Carvans에서는 1960년대부터 마차를 빌려 직접 운전하는 마차여행 프로그램을 제공하고 있다. 일주일 정도의 여행에 필요한 각종 물품과 침대가 네 개 딸린 마차를 빌려주고 말을 다루는 데 필요한 교육도 시켜준다. 게다가 농장, 호텔, 선술집 등과 연결망을 구축해 여행자가 밤에 마차를 세워놓고 말에게 먹이를 줄 수 있는 환경을 만들어준다. 몇몇 국제 항공사가 더블린까지 항공편을 운항하며 웨일스Wales 지방 홀리헤드Holyhead 시에서 출발하는 페리도 매일 정기적으로 운행되고 있다.

캐나다 처칠

북극곰들의 얼음 왕국

허드슨 만은 11월부터 얼기 시작한다

캐나다 매니토바 Manitoba **주의 최북단, 허드슨**Hudson **만 연안에 위치한 처칠**Churchill. **해마다 겨울이면 북으로 이동하는 북극곰들이 몰려들어 물이 완전히 얼어붙기를 기다린다. 바다표범을 사냥하기 위해서다. 툰드라용으로 특별 개조한 특대형 버스를 타고 북극곰들의 왕국을 탐험해보자. 북극의 끝자락, 사람의 손길이 닿지 않은 아름다운 툰드라 지대로 들어가는 잊지 못할 여행이 될 것이다. 흰색 털을 가진 거대한 짐승과의 조우를 기다리는 시간은 유쾌하지만 때로는 지루하기도 하다. 따라서 인내의 미덕도 배울 수 있다.**

이 세상에는 아직도 인적이 드문 오지가 많이 있다. 하지만 처칠이야말로 오지 중에 오지라 할 수 있다. 처칠까지는 차도도 건설되어 있지 않다. 따라서 구형 비행기를 타고 2시간 30분 정도 날아가거나 36시간이 걸리는 철도를 이용하는 수밖에 없다. 비행기와 기차 모두 위니펙Winnipeg에서 출발한다. 마을에 처음 도착하면 일단 엄청난 추위 때문에 깜짝 놀라게 된다. 북극곰을 볼 수 있는 기회는 10월 초부터 11월 중순까지 약 6주뿐이며 허드슨 만이 얼어붙는 시기이기도 하다. 따라서 1월만큼 춥지는 않지만 두툼한 재킷과 방한복은 필수다.

처칠의 중심 거리

1717년 허드슨 베이Hudson Bay사의 무역기지로 처음 건설된 처칠의 첫인상은 수수하고 소박하지만 바람이 휘몰아치는 적막한 곳이기도 하다. 하지만 조금만 주의 깊게 둘러보면 적막함 속에 감춰진 다채로운 모습을 발견할 수 있다. 얼음이 덮인 도로, 하얀 눈이 쌓인 집들, 광활한 툰드라 지대, 흔히 에스키모라고 부르는 이뉴잇Inuit 사람들의 전통문화, 그리고 그곳에 터잡고 살아가는 따뜻하고 건강한 사람들까지……. 처칠에는 세 가지가 풍부하다고들 한다. 그 중 첫째는 북극곰으로 처칠을 명실상부한 '세계 북극곰의 수도'라고 부를 수 있을 만큼 많다. 둘째는 거칠 것 없이 탁 트인 전망이고, 셋째는 대형 축구장 하나는 채우고도 남을 만큼 그릇이 크고 인격이 고매한 사람들이다. 버스 기사부터 레스토랑 직원들까지 모든 사람의 입에서는 가슴 깊이 새기고 싶은 말들이 언제나 술술 흘러나온다. 마을에 머무는 시간이 길어질수록 마을과 사람들, 그리고 빼어난 풍경에 깊이 빠져들게 될 것이다.

작은 지역이지만 기분전환을 할 만한 몇 가지 시설도 갖추고 있다. 딱 한 개뿐인 바나 가끔씩 보이는 레스토랑처럼 말이다. 운이 좋다면 '천상의 대기쇼'라 할 수 있는 오로라의

툰드라 너머로 지는 태양

북극곰 서식지를 찾아가는 새벽녘의 드라이브

통나무 집에서 바라본 일몰, 처칠

장관을 볼 수도 있다. 하지만 뭐니 뭐니 해도 가장 흥미로운 일은 북극곰을 찾아다니는 것이다. 북극곰 탐험은 아침 일찍 시작된다. 태양이 처칠의 중심 도로인 켈시Kelsey 대로를 따라 솟아오를 무렵, 여행자들은 매서운 새벽공기를 들이마시며 낡은 스쿨버스에 탑승한다. 그리고 허드슨 만의 가장자리를 따라 마을에서 삼십 분 정도 달리면, 툰드라 버기Tundra buggy라고 불리는 전망용 차량이 서 있는 곳에 도착한다. 기괴한 모양의 이 차는 처칠에서 제조되는데, 한 관광가이드가 내놓은 아이디어를 토대로 만들었다고 한다. 몸집에 비해 지나치게 큰 바퀴가 특징이다. 이 때문에 툰드라 지대의 부드러운 토양 위를 원활히 다닐 수 있다고 한다. 바퀴가 얼마나 큰지 승객들이 앉는 좌석이 공중에 떠 있는 느낌이 들 정도다.

인공적인 것이라곤 없는 황량한 자연 속에서 툰드라 버기의 모습은 어딘가 조금 어색하고 생뚱맞을 수도 있다. 하지만 얼음 웅덩이에 한 번 빠지고 나면 그 진가를 확인할 수 있다. 이렇게 열악한 지형에서 이동할 수 있게 해주는 유일한 교통수단에 고마움마저 느끼게 될 것이다. 하지만 도로가 건설된 지역에서는 그 역할이 줄어든다. 처칠의 도로 대부분은 과거 미국산 탱크를 들여오기 위해 만들어진 것이다. 제2차 세계대전 때부터 1980년대 중반까지 처칠에는 전략적으로 중요한 군사기지가 있었다.

야생동물 관찰이 목적인 여행에서는 인내심이 필수라는 것을 누구나 안다. 그럼에도 구불구불한 길을 따라 천천히 나아가는 동안 동물의 흔적을 찾아 갈색과 흰색뿐인 풍경을 뚫어져라 쳐다보는 일은 생각보다 지루하다. 하지만 이에 아랑곳하지 않고 툰드라 버기는 계속 고든 포인트Gordon Point를 지나 동쪽에 있는 왓슨 포인트Watson Point로 향한다. 그 길에서는 툰드라 북극곰 이외에도 카리부caribou라고 부르는 북미산 순록, 북극 토끼, 북극 여우, 흰올빼미, 뇌조 등 북극에서만 서식하는 보기 드문 동물들을 만날 수 있다. 삭막한 툰드라에서는 어떤 야생동물과 마주쳐도 감동과 흥분을 느끼게 된다. 하지만 버기에 탄 승객들이 가장 황홀감에 빠지게 되는 순간은 역시 북극곰을 처음 봤을 때다. 동물학자들처럼 전문적인 안목이 있다면 좀 더 쉽게 발견할 수 있을 것이다. 휴식을 취하는 북극곰은 커다란 바위나 관목이 우거진 작은 언덕과 비슷해서 구별하기가 쉽지 않기 때문이다.

하지만 북극곰이 장시간 꼼짝도 하지 않고 휴식을 취하는 경우는 드물다. 녀석들은 '싸움놀이'를 무척 좋아하므로 잠시 멈춰 기다리면 서로 힘을 겨루고 맞붙어 레슬링을 하는 모습을 볼 수 있을 것이다. 가끔은 사람처럼 뒷발로 서서 주먹질을 하며 찰싹찰싹 때리기도 한다. 앞발을 든 채 몸을 길게 빼고 선 모습이 마치 투지에 불타는 권투 선수를 연상시킨다. 수컷은 무게가 오륙백 킬로그램은 족히 나가므로 당연히 헤비급에 속한다. 그러나 스파링 도중 서로에게 심각한 상처를 주는 경우는 드물다. 이따금씩 새끼들을 거느리고 수심이 얕은 호수를 터벅터벅 건너가는 암컷들도 보인다. 이곳 툰드라

지대에는 이렇게 작고 얕은 호수들이 수천 개가 흩어져 있다. 평평하고 까만 발바닥에 발톱이 긴 곰의 발은 지나칠 만큼 크다. 그러나 덕분에 체중이 효과적으로 분산되어 얇은 얼음 위도 무사히 건널 수 있다.

영하 20도 이하가 되면 허드슨 만이 얼어붙기 시작하고, 곰들은 천천히 얼음 위로 움직이기 시작한다. 좋아하는 먹잇감인 바다표범을 찾아가는 것이다. 북극곰은 바다표범이 가끔 떠오르는 얼음 속 숨구멍을 찾아 먼 거리를 홀로 이동한다. 일단 숨구멍을 찾으면 그 자리에 누워 먹잇감이 떠오르기를 '참을성 있게' 기다린다. 먹잇감을 잡기 위한 일종의 매복이라 할 수 있다.

버기를 타고 이삼일 동안 툰드라 주변을 누비고 나면 처음 도착했을 때의

젊은 수컷들이 싸움놀이를 하고 있다

북극곰은 만이 얼어붙을 때까지 참을성 있게 기다린다

수컷들은 종종 뒷발만 짚고 일어서서 싸운다

첫인상은 온데간데없이 사라진다. 활기를 찾아보기 힘들고 생명이 살기에 적합하지 않은 황무지라 생각했던 이곳이 사실은 생명력과 아름다움이 넘치는 지역임을 깨닫기 때문이다.

ⓘ **여행정보**

디스커버 더 월드Discover the World를 비롯한 몇몇 여행사가 북극곰의 땅 처칠을 탐사하는 여행 프로그램을 운영한다. 여행하고자 하는 사람은 많은데 가능한 시기가 워낙 짧고(10월 초부터 11월 중순까지 약 6주), 툰드라 버기의 **수**도 한정되어 있어 예약하기가 상상 어렵다. 그러므로 미리미리 예약하는 것이 좋다. 허드슨 만 위를 헬리콥터를 타고 날아볼 수도 있다. 그야말로 스릴 만점이다. 헬리콥터 비행은 툰드라 지대를 전체적으로 볼 수 있는 좋은 기회일뿐 아니라 북극곰을 비롯한 야생동물의 생활상을 다른 각도에서 볼 수 있다는 것이 특징이다. 허드슨 베이 헬리콥터Hudson Bay Helicopters를 비롯한 몇몇 회사에서 헬리콥터 비행 프로그램을 운영하고 있다. 반면 처칠의 숙소는 그리 다양하지 못하다. 그 중에서 처칠 모텔Churchill Motel은 비교적 좋은 곳 중에 하나다. 언제든 기온이 심각하게 떨어질 수 있고 바람까지 불면 한층 춥게 느껴진다. 따라서 방한복을 충분히 챙기도록 하자.

보헤미안의 발자취를 찾아서

블타바 강가의 다리들

고풍스럽고 아름다운 건축물로 유명한 프라하는 오랫동안 예술가들의 정신적 고향이었다. 과거 보헤미아Bohemia 왕국의 수도이기도 했던 이곳에서 음악가, 시인, 미술가 등 많은 예술가들이 깊은 영감을 얻곤 했다. 걷거나 트램tram을 타고서 보헤미안의 거리를 맘껏 누벼보자. 프라하의 볼거리는 비교적 좁은 지역에 모여 있으므로 주말 연휴를 이용해서도 충분히 둘러볼 수 있다.

블타바Vltava 강 양쪽으로 위풍당당하게 자리 잡은 도시 프라하는 크게 다섯 구역으로 나뉜다. 그리고 각 구역은 나름의 독자적인 특성과 역사를 갖고 있다. 보통은 가장 오래된 지역에 속하는 흐라드차니Hradcany 구역에서 여행을 시작한다. 언덕 위에 자리 잡은 프라하 성과 대성당이 압권인 곳이다. 성까지는 꽤 걸어야 할 뿐만 아니라 상당히 많은 계단을 올라가야 한다. 트후노프스카Thunovska 거리와 연결된 계단으로 올라가서 호트코바Chotkova 거리 쪽 계단으로 내려오는 것이 가장 좋다. 호트코바 거리 쪽 계단이 좀 더 길다. 두 거리 모두 기념품 장수들이

유대인 지구 요세포프 구역에 있는 카페

즐비한 곳이지만, 가끔 작품을 내놓고 파는 예술가들도 눈에 띈다. 그들의 수채화며 사진들은 시간을 들여 꼼꼼히 감상해도 좋을 만큼 수준 높은 작품들이다.

프라하 성은 9세기경 프레미슬리드Premyslid 왕소의 볼레슬라브Boleslav 왕 때 처음 이곳에 자리를 잡았다. 이후 구조가 바뀌고 새로운 건물이 덧붙여져 현재의 모습을 갖추게 되었다. 성의 정문은 흐라드차니 광장으로 연결된다. 광장 주교관 근처에서는 재즈와 클래식 음악가들의 거리공연을 볼 수 있다. 성 안으로 들어가기 전에 잠시 성벽 위에서 도시를 내려다보자. 온통 붉은 지붕으로 덮여 있는 시가지부터 멀리 블타바 강까지 한눈에 들어온다. 입을 다물지 못할 만큼 아름다운 풍경이다. 아마 힘겹게 계단을 오른 보람이 있을 것이다.

성 안으로 들어가 넓은 외곽 뜰을 두번 지나면 중앙 뜰이 나오고 하늘 높이 솟은 비투스 성당St Vitus Cathedral이 나타난다. 성당은 14세기 카를 4세Karl IV의 명으로 처음 건설되기 시작해 무려 600년 후인 1929년에야 완성되었다. 기본적으로 고딕양식이지만 바로크 양식이 가미

흐라드차니에서 내려다본 프라하 전경

황금소로

되어 있으며, 가장 높은 첨탑의 높이가 100미터에 이른다. 호트코바 거리로 내려가는 길에는 반드시 황금소로Goldend Lane를 둘러보자. 황금소로라는 이름은 과거 연금술사와 금은세공사들이 살았던 것에서 유래되었다. 색색으로 칠한 작은 집들이 다닥다닥 붙은 채 늘어선 모습이 아기자기하고 굉장히 독특하다. 하지만 이곳을 꼭 들러야 하는 진짜 중요한 이유는 따로 있다. 프라하가 낳은 세계적인 작가 프란츠 카프카Franz Kafka가 집필활동을 했던 집이 있기 때문이다. 카프카는 1916년 11월부터 이듬해 5월까지 황금소로 22번지에 살며 집필에 매진했었다. 대표작《성》도 이곳에서 완성된 것이다. 카프카의 흔적은 지금도 프라하 곳곳에 남아 있으며 과거 그가 자주 찾았던 장소들만 들러도 며칠은 걸릴 것이다.

다시 블타바 강가로 나오면 말라스트라나Malá Strana, 즉 소지구로 들어서게 된다. 1541년 대화재 후 재건된 곳으로 무너진 건물들 대신 들어선 바로크 건축물들이 보존되어 있다. 앞면이 유리로 된 파스텔 색조의 가옥들로 중앙 광장을 빙 둘러싼 모습이 인상적이다. 말라스트라나 광장의 명물은 성 니콜라스St Nicholas 교회다. 푸른 돔의 지붕이 특히 매력적인 곳이다. 교회 앞에는 돌로 포장된 넓은 길이 있는데 22번 시가전차의 선로가 길을 양분하고 있다. 프라하를 대표하는 상징물이 된 빨간색과 미색이 섞인 시가전차 22번은 도시를 빠르게 둘러보는 데 유용하다.

이제 강을 건너가보자. 블타바 강 위에는 수많은 다리가 있지만 사람들의 관심과 사랑을 받는 다리는 오직 하나, 카를교Karlov most다. 카를 4세 때 (1346~1378) 건설된 것으로 강을 사이에 두고 나뉜 도시를 연결하는 통로이자 과거 보헤미아 왕의 대관식 행렬이 지나던 길목이기도 하다. 카를교는 후다닥 건너가라고 만들어진 다리가 아니다. 딱딱한 고딕 양식의 난간과 자갈로 포장한 바닥 양옆으로는 각각 열다섯 개씩, 총 서른 개의 조각상이 늘어서 있다. 주로 체코의 성인들이 조각되어 있는데 가장 유명한 것은 성 얀 네포무츠키Sv. Jan Nepomucký의 조각상이다. 14세기의 프라하 대주교 대리였던 그는 역적모의로 바츨라프Václav 4세에 의해 카를교 위에서 블타바 강으로 던져졌다. 조각상을 보면 머리 위에 일곱 개의 별로 된 띠가 둘러져 있는데 네포무츠키가 물속에 빠져 죽던 순간 수면 위에서 빛나던 일곱 개의 별을 상징한다고 한다. 아래 청동 기단에는 순교 장면을 묘사한 부조가 새겨져 있

말라스트라나의 하늘 풍경

카를교에 있는 조각상

흐라드차니 광장 위로 우뚝 솟은 성 비투스 성당의 모습

카를로바 거리의 주택들

다. 부조를 만지면 행운이 깃든다는 전설 때문에 수많은 손길로 반질반질한
데다 색깔도 누렇게 변색된 것이 재미있다.

　카페와 보석상이 즐비한 카를로바Karlova 거리로 가보자. 굽이굽이 휜 좁
은 길을 따라가다 보면 스타레 메스토Staré Mesto, 즉 구시가의 중심이 나온다.
이곳에는 유럽에서 가장 아름다운 광장이 있다. 바로 스타로메스트스케 나
메스티Staromestské námestí로 '구시가 광장'이라는 의미다. 틴 교회Tyn Church의
우아한 첨탑이 가장 먼저 눈에 들어올 것이다. 하지만 광장에서 가장 관심을
끄는 건물은 반대편의 구시청사다. 앞면에 설치된 기발한 천문시계는 프라
하를 대표하는 명물이다. 매시 정각이 되면 종이 울리는 모습을 보려고 사람
들이 구름처럼 몰려든다. 정각이 되면 먼저 해골 모습의 사신死神이 위쪽에

골동품 같은 구형 차를 타고 시내투어를 할 수도 있다

카를로바 거리의 화려하게 장식된 창문

22번 시가전차

서 나타나 조종弔鐘을 울린다. 이를 시작으로 탐욕과 허영을 상징하는 인형, 예수의 열두 제자 등 다양한 인형들이 행진을 펼친다.

다음으로 과거 보헤미아 왕의 행렬이 지나갔던 첼레트나Celetna 거리로 가보자. 밝은 파스텔 색조 가옥들과 함께 무시무시한 모습으로 우뚝 솟은 고딕 양식의 화약탑이 있는 곳이다. 화약탑은 17세기에 화약창고로 이용됐었다.

프라하에서는 저녁에도 즐길 것이 너무 많아 고민스럽다. 고전 음악 마니아라면 더욱 그렇다. 음악과 프라하를 떼어놓고 생각할 수는 없다. 음악은 도시의 혈관 깊은 곳을 흐르는 소중한 존재다. 드보르작Dvorák, 모차르트Mozart를 비롯해 세계적인 작곡가들이 음악을 사랑하는 도시 프라하를 방문했었다. 특히 모차르트는 오페라 돈 조반니Don Giovanni를 이곳에서 초연하

이른 아침 카를교 풍경

블타바 강가의 주택들

요세포프 구역의 유대인 묘지

프라하성 안의 성 비투스 대성당

기도 했다. 지금도 프라하 곳곳에서는 매일 밤 클래식 음악회가 열린다.

요세포프Josefov라 불리는 유대인 지구는 구시가에 위치해 있다. 다른 지역에 비해 부유하다는 인상을 주지만 아픈 역사가 고스란히 남아 있는 곳이기도 하다. 유대인 공동묘지에는 묘지석이 다소 혼란스럽게 널려 있다. 박해로 죽은 사람이 너무 많아 자리가 없어 기존 묘지 위에 다시 흙을 쌓아 매장을 했기 때문이다. 한 곳에 7~8구에서부터 많게는 12구까지 겹겹이 매장을 하다 보니 묘지석을 깔끔하게 정돈할 수 없었다고 한다. 유대인 지구를 보면서 프라하의 매력은 역시 문화적 다양성에 있음을 깨닫는다.

ⓘ 여행정보

많은 항공사에서 프라하까지 항공편을 운항하고 있다. 프라하에는 숙소가 많지만 방문자 또한 많아 예약이 어렵다. 7월~8월 여름 성수기에는 더욱 그렇다. 호텔 클럽Hotel Club에서 어떤 숙소든 예약을 대행해준다. 날씨가 좋으면 시 외곽과 프라하성 근처를 날아다니는 열기구 여행도 해볼 만하다. 만일 음악회에 가고 싶다면 신중하게 선택해야 한다. 연주회의 수준에 차이가 크기 때문이다. 바츨라프 광장을 걸으며 즐기는 것도 잊지 말자. 길고 넓은 이 광장은 신시가에 있다.

공화국 광장의 프라하 시민회관

마차를 타고 시티투어를 할 수도 있다

구시청사의 천문시계 ▶

장엄한 자연풍경으로 치자면 중앙아메리카에서 코스타리카에 필적할 곳은 없다. 맹렬한 급류를 체험할 수 있는 강과 붉은 용암이 흘러내리는 활화산, 종다양성으로 유명한 열대우림, 눈부시게 아름다운 해변까지… 세계 그 어느 나라보다 아름답고 흥미진진한 자연환경을 자랑한다. 자연이 아름다운 나라 코스타리카를 환경친화적인 방법으로 여행해보자. 인위적인 수단을 최소화하며 직접 노를 저어 강을 건너고 자전거 페달을 힘껏 밟아 이동하면서 파쿠아레Pacuare 강을 따라 니코야 반도Nicoya Peninsula를 통과해보자.

파쿠아레 강에서의 래프팅

8일 동안 코스타리카의 아름다운 자연을 만끽하면서 급류타기, 산악자전서타기, 등산, 바다에서 카누타기 등 다양한 레포츠를 즐겨보자. 체력이 약하다고 해서 절망할 필요는 없다. 힘겹다 싶으면 사이사이 자동차를 이용하면서 휴식을 취할 수도 있다.

많은 사람들이 파쿠아레 강에서 래프팅으로 8일 동안의 모험을 시작한다. 파쿠아레 강은 때 묻지 않은 자연에 세계 최고 수준의 급류를 자랑하는 곳이다. 이틀 동안 급류를 타면서 시키레스Siquirres까지 29킬로미터 구간을 이동한다. 코르디예라 센트럴Cordillera Central 산맥에서 발원한 파쿠아레 강은 협곡을 지나 카리브 해까지 흘러간다. 래프팅은 힘차게 노를 저어 급류를 타는 신나는 레포츠다. 이곳의 급류는 등급으로 치자면 3~4 등급 정도다(보통 1등급에서 6등급까지로 분류하며 숫자가 클수록 물살이 세다 – 옮긴이). 시작하자마

본격적으로 급류타기를 시작하기 전에 교육을 받는다

아레날 화산으로 가는 길에 있는 커피재배 농장

파쿠아레 강의 급류

자 금세 옷이 젖고 스릴감으로 심장이 두근거릴 것이다. 그렇다고 급류가 내내 이어지는 것은 아니다. 사이사이 물살이 차분한 구간이 섞여 있다. 이런 구간에선 흥분을 가라앉히고 휴식을 취하며 주변을 유심히 관찰해보자. 야생동물을 관찰하기에도 더없이 좋은 장소다.

래프팅을 시작하는 지점은 투리알바Turrialba 화산 근처, 트레스에키스Tres Equis 지역이다. 코스타리카의 수도 산 호세San José에서 자동차로 2시간 30분 정도 걸린다. 이곳에서 충분한 실습과 안전교육을 받은 후 강 하류를 향해 출발한다. 급류가 밀려와 사투가 시작되면 어느새 차분하던 마음은 사라지고 만다. 하지만 하얗게 일어나는 차가운 물살의 맹공격이 잦아지면서 보트 위에 탄 사람들의 자신감도 커진다. 전망은 보트 앞쪽이 가장 좋다. 특히 물결이 하얀 포말을 일으키며 보트를 향해 다가오는 모습은 압권이다.

가이드는 보트에 탄 대원들을 이끌면서 고래고래 고함을 질러 행동요령을 알려준다. 산사태Landslide니 충돌바위Bumper Rock니 하는 험악하고 불길한 이름의 급류들이 나타나면서 여행의 긴장감은 한층 고조된다. 오후 서너 시쯤 되면 편안히 하룻밤을 보낼 야영지가 눈에 들어올 것이다. 엘 니도 델 티그르El Nido del Tigre, '호랑이의 보금자리'라는 이름을 가진 곳으로 열대우림 안에 자리 잡고 있다. 몇 시간 동안 급류와 씨름을 한 뒤라 굉장히 반갑다. 해먹 위에 누워 풀이나 나무 사이를 훨훨 날아다니는 새나 나비들을 관찰하기에 좋은 장소다.

둘째 날에는 래프팅에서 가장 큰 급류들을 만나게 된다. 무사히 성공하려면 급류의 굉음에 휘말리지 말고 가이드의 지시에 귀를 기울이면서 그대로 따르는 것뿐이다. 급류의 굉음 때문에 잘 들리지 않으면 "앞으로 열심히 노를 저으세요!"라는 의미로 해석하면 무리가 없다. 오로지 사람의 힘에 의지해서 나가는 보트이므로 래프팅이 순조로우려면 노 젓는 사람의 힘이 중요하다. 고무보트가 뒤집히기라도 한다면 차가운 물속에서 필사적으로 수영해야 하는 상황을 맞게 된다. 시키레스에 도착했을 즈음에는 래프팅을 무사히 마쳤다는 사실에 뿌듯함과 안도감을 느낄 것이다.

시키레스에서 차를 타고 북쪽으로 가면 아레날Arenal 화산이 나온다. 세계

타바콘 온천의 맹그로브 숲

자전거를 타고 태평양을 향해 달리는 모습.

타바콘 온천

에서 가장 활발한 활화산에 속하며, 산의 외관 또한 굉장히 아름답다. 세로 차토Cerro Chato 봉을 비롯해 인근 봉우리까지 올라가는 등산로 중 하나를 택해 등산을 해보자. 좁은 보트에 앉아 노를 젓느라 오랫동안 쪼그리고 있었던 다리를 펴줄 좋은 기회다. 봉우리 중 하나를 붙들고 씨름을 하고 나면 호화로운 온천에서 보낼 저녁이 간절히 기다려질 것이다. 아레날 화산 밑에는 타바콘Tabacón 온천리조트가 있다. 뜨거운 온천물에 몸을 담그고 아름다운 정원을 바라보며 달콤한 휴식을 취할 수 있는 곳이다. 화산이 폭발해 붉고 뜨거운 용암이 분화구 가장자리로 흐르는 모습도 멀리 보인다.

다시 자동차를 타고 태평양 연안을 향해 산길을 서너 시간 달려보자. 태평양 연안에 닿으면 산악자전거를 타고 사마라Samara까지 간다. 코스타리카에서도 특히 인적이 드문 길로 자전거를 타고 달리기에는 이만한 곳이 없다. 산악자전거에 몸을 싣고 한가한 해변을 달리노라면 주변이 온통 마법의 공간이라도 되는 것처럼 느껴진다. 해안가의 후미진 구석구석까지 둘러보려면 카약을 타는 것도 좋다. 자전거를 타고 남쪽 말파이스Malpais까지 가는 길은 다소 험하고 고되다. 그러므로 카약타기는 고된 길로 접어들기 전에 잠시 휴식을 취하는 것과 같다.

니코야 반도에서 자전거를 타고 해변을 달리는 모습

다시 자전거에 올라 여행의 마지막 구간을 달려보자. 내륙의 한적한 진흙길을 따라가다 넓은 강을 건너기도 한다. 그러려면 자전거를 머리 위로 들고 힘겹게 건너야 한다. 덥고 습도가 높은 날에는 이런 수고로움도 반갑게 느껴질 것이다. 물속으로 뛰어들었을 때의 시원함이 안도감

사마라 인근 바다에서 카누타기

으로 다가오기 때문이다. 마지막 구간은 플라야 산 미구엘Playa San Miguel 해변 등 사람의 손길이 닿지 않은 황량한 해변이다. 운이 좋으면 밤에 알을 낳으려고 해안으로 올라온 거북을 만날 수도 있다.

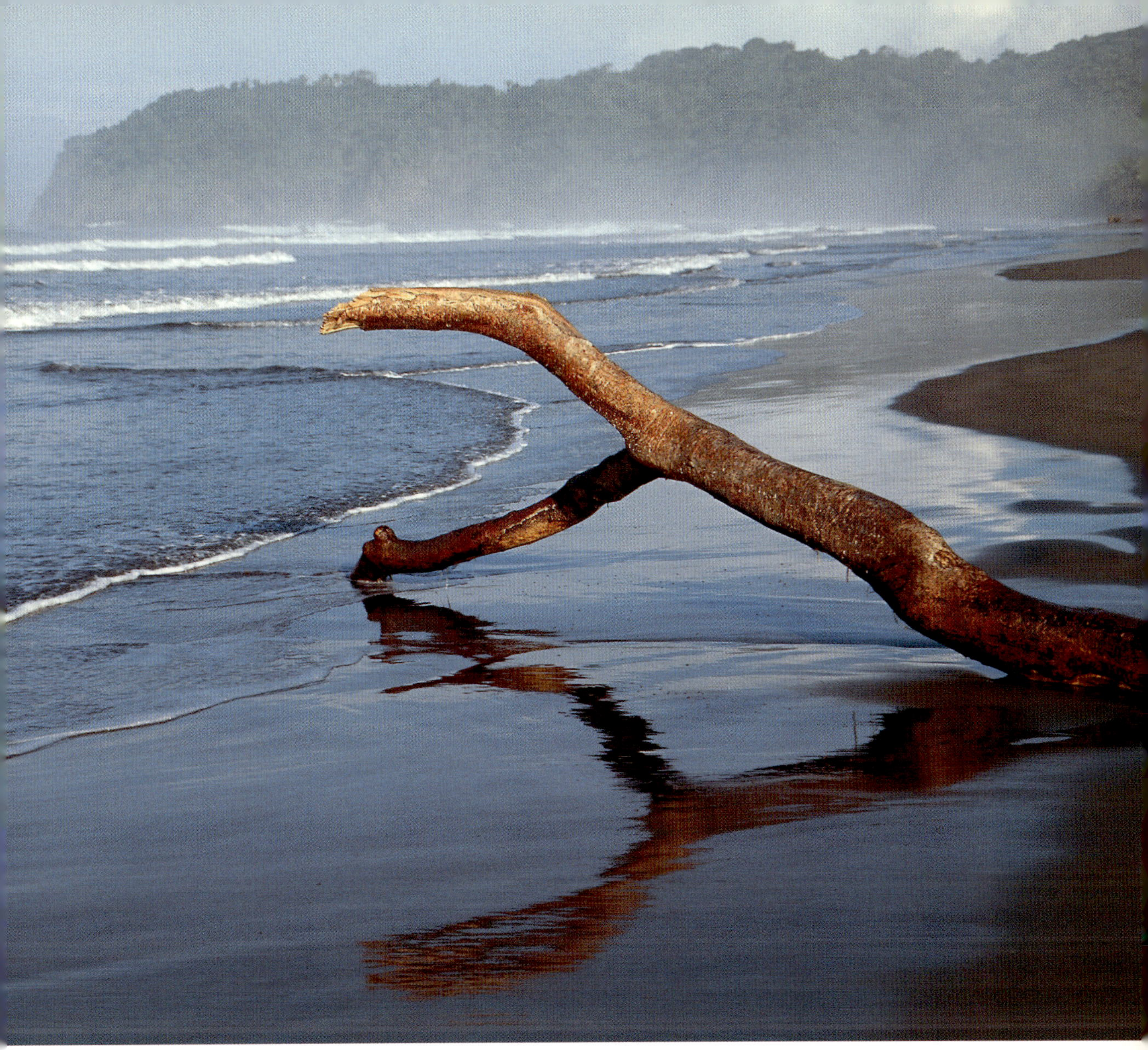

동이 터오는 사마라 해변

직접 노를 젓고 페달을 밟으며 코스타리카 주변을 여행하는 것은 보람 있는 일이다. 그러나 당장의 육체적 피로는 어쩔 수 없는 일, 여정의 막바지에 대기 중인 버스를 보는 순간 그렇게 반가울 수가 없다. 아마 산호세로 돌아가는 의자에 앉아 빈둥거리기만 해도 된다는 사실이 너무 고마울 것이다.

니코야 반도의 일몰

ⓘ 여행정보

산호세에 있는 코스트투코스트 어드벤처Coast to Coast Adventures는 다양한 레포츠가 결합된 코스타리카 여행 프로그램을 제공한다. 장비는 직접 가져가도 되고 빌려도 된다. 태평양 해변 중에는 조류가 무척 센 곳도 있으므로 수영을 하기 전에는 반드시 가이드에게 확인해야 한다. 체력소모가 큰 여행이므로 본인의 몸 상태에 대해 사전에 의사와 상담을 하고 떠나는 것이 좋다. 더위와 높은 습도가 여행을 힘들게 할 수도 있다.

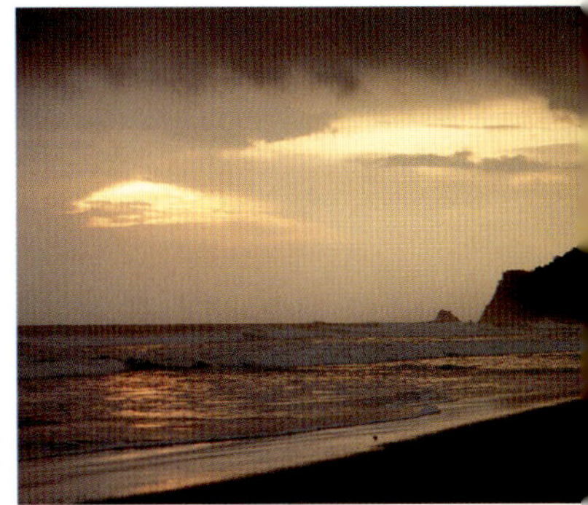

파타고니아의 피요르드를 누비다

칠레 남쪽 해안을 따라 형성된 초노스Chonos 군도는 수천 개에 달하는 황량한 섬으로 이루어져 있다. 배나 사람의 흔적보다 고래, 돌고래 등의 야생동물과 빙산을 보고 싶다면 이곳의 무인도를 지나는 유람선을 타보자. 원하는 것을 모두 볼 수 있을 뿐 아니라 저렴하기까지 하다. 이곳을 여행하는 4일짜리 크루즈는 지구상에서 가장 파격적인 특가 여행상품일 것이다.

이번 여행은 일반적인 유람선 여행과는 많이 다르다. 1990년대 중반까지 푸에르토 몬트Puerto Montt에서 푸에르토 나탈레스Puerto Natales까지 파타고니아Patagonia 지역 깊숙이 배를 타고 가는 여행은 일부 트럭 운전사와 사정을 잘 아는 소수 여행자만의 것이었다. 트럭 운전사들은 1,450킬로미터나 되는 거리를 운전해서 화물을 운반하는 게 싫어 뱃길을 택한 사람들이다. 반면 여행자들은 모험심으로 똘똘 뭉친 사람들이었다. 그들은 도중에 파타고니아의 명소인 토레스 델 파이네Torres del Paine 국립공원에서 등산을 하기도 했다. 이후 이들의 흥미진진

황량하지만 너무나 아름다운 래스트 호프 사운드, 푸에르토 나탈레스

배 안의 분위기는 항상 유쾌하다

한 여행에 대해 입소문이 퍼지면서 여행자가 점점 늘어났고, 마침내 나비맥
Navimag 호의 주인이 배 안에 숙박시설을 만들었다. 덕분에 승객들은 하루
세 끼를 배 안에서 해결하고 배낭이 허용하는 한도 내에서 칠레산 와인도 맘
껏 들고 탈 수 있게 되었다. 게다가 다른 크루즈에서는 느낄 수 없는 특별한
우정과 일체감도 경험할 수 있다. 사람 구경이 힘든 오지를 와인을 나눠 마
시며 유람하는 여행에서만 생기는 소중한 감정이다. 물론 트럭 운전사들도
함께 한다. 비록 최소한의 편의시설만 제공되지만 그 만족도는 초호화 크루
즈에 못지않다.

배는 타오르는 저녁놀 속에 푸에르토 몬트를 떠나 항해를 시작한다. 다채
로운 색상의 목조 가옥들이 멀어지는가 싶더니 어느새 칠로에Chiloé 섬을 지
나 앙쿠드 만Ancud Gulf을 미끄러지듯 통과한다. 칠로에 섬은 영국군함 비글
Beagle 호를 탔던 영국의 박물학자 찰스 다윈Charles Darwin이 들렀던 곳이기도

앙고스투라 잉글레사 해협을 누비는 모습

파타고니아는 하늘이 아름답기로 유명하다

하다. 다윈은 당시의 경험을 《비글호 항해기》에 글로 남기기도 했다. 저멀리 봉우리에 만년설이 쌓인 화산 두 개가 우뚝 솟은 모습이 눈에 들어온다. 주변이 온통 평평한 가운데 솟아 있는 것도 인상적이지만 모양 또한 예사롭지 않다. 오소르노Osorno 산은 완벽한 원뿔형이고 호르노피렌Hornopiren 산은 온통 울퉁불퉁하다.

남쪽으로 이동하면 더욱 황량한 모습이 펼쳐진다. 미지의 세계로 모험을 떠난다는 두려움을 누그러뜨려줄 작은 마을조차 보이지 않는다. 다윈과 동료 탐험가들은 이곳 섬들을 '통과할 수 없는 지역'이라고 생각했었다.

때로는 섬과 섬 사이의 해협이 불안할 만큼 좁아 보이는 지역도 있다. 우회하지 않고는 도저히 배가 지나가지 못할 것 같지만 어떻게든 빠져나간다. 이윽고 도착하는 골포 데 페나스Golfo de Penas 만이라는 명칭은 '비탄의 만'이라는 뜻이다. 이곳을 지나는 사람들 사이에서 전설이 되다시피 한 이름만큼이나 뒤숭숭한 소문도 많다. 만을 향해 서서히 다가가는 몇 시간 동안 승객들 사이에는 앞으로 벌어질 상황에 대해 온갖 불안한 추측이 난무한다. 객실 담당 승무원은 무료로 뱃멀미 약까지 주면서 각종 괴담에 힘을 싣는다.

이러쿵저러쿵 말은 많지만 어떤 상황이 펼쳐지느냐는 순전히 운일 뿐이

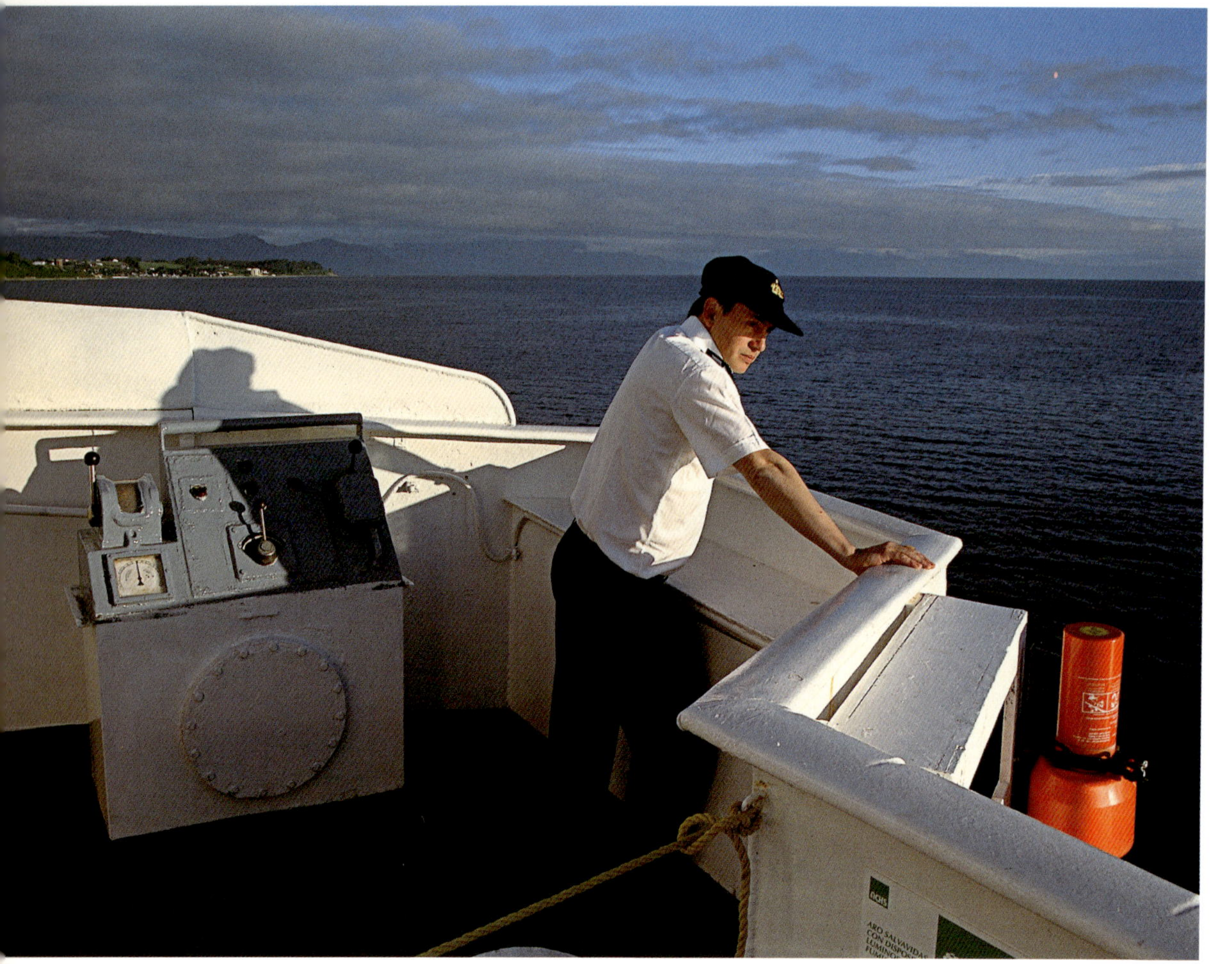

승무원들은 위험요소가 산재한 항로를 노련하게 통과한다

다. 트럭 운전사들도 큰 파도를 만난 배가 흔들려 이따금씩 잠자던 침대에서 굴러 떨어지는 정도면 양호한 편이라고 잔뜩 겁을 준다. 어쨌든 승무원이 나눠준 멀미약은 꽤 쓸모가 있다. '비탄의 만'을 무사히 지난 자에게 주어지는 보상은 엄청나다. 황량한 산, 거대한 빙산과 빙하, 바다표범, 혹등고래, 돌고래 등이 어우러진 바다풍경이 얼마나 황홀한지 시선을 뗄 수 없을 정도다. 이곳 해역은 대담하기로 유명한 테에울레체Teheuleche 인디언들의 고대 무역로였다. 그들은 남아메리카 원주민 중 유일하게 스페인 침략자들을 격퇴하기도 했었다. 이들의 후손인 카웨스카르Kawéskar 족이 지금도 남부 해협을 따

구명장비를 쓸 일은 없어야 할 것이다

배안에서 편안히 휴식을 취하는 모습

라 흩어져 살고 있다. 배는 이들 중에 일부가 사는 푸에르토 에덴Puerto Edén
에서 잠시 멈춘다. 주민들에게 물건과 식량 등을 갖다 주고 승객들이 마을에
서 미술품과 공예품 따위를 살 수 있게 하기 위한 배려다.

선상에서의 마지막 밤에는 즐거운 디스코 파티가 열린다. 그리고 아름답
기로 유명한 파타고니아의 하늘은 해질 무렵이면 화려한 공중쇼를 펼친다.
돈이 있어야만 항상 최고의 경험을 할 수 있는 것은 아니라는 사실을 새삼
느끼게 된다.

아침 햇살 속에 선장은 능숙하게 배를 몬다. 배는 곧 좁은 앙고스투라 잉

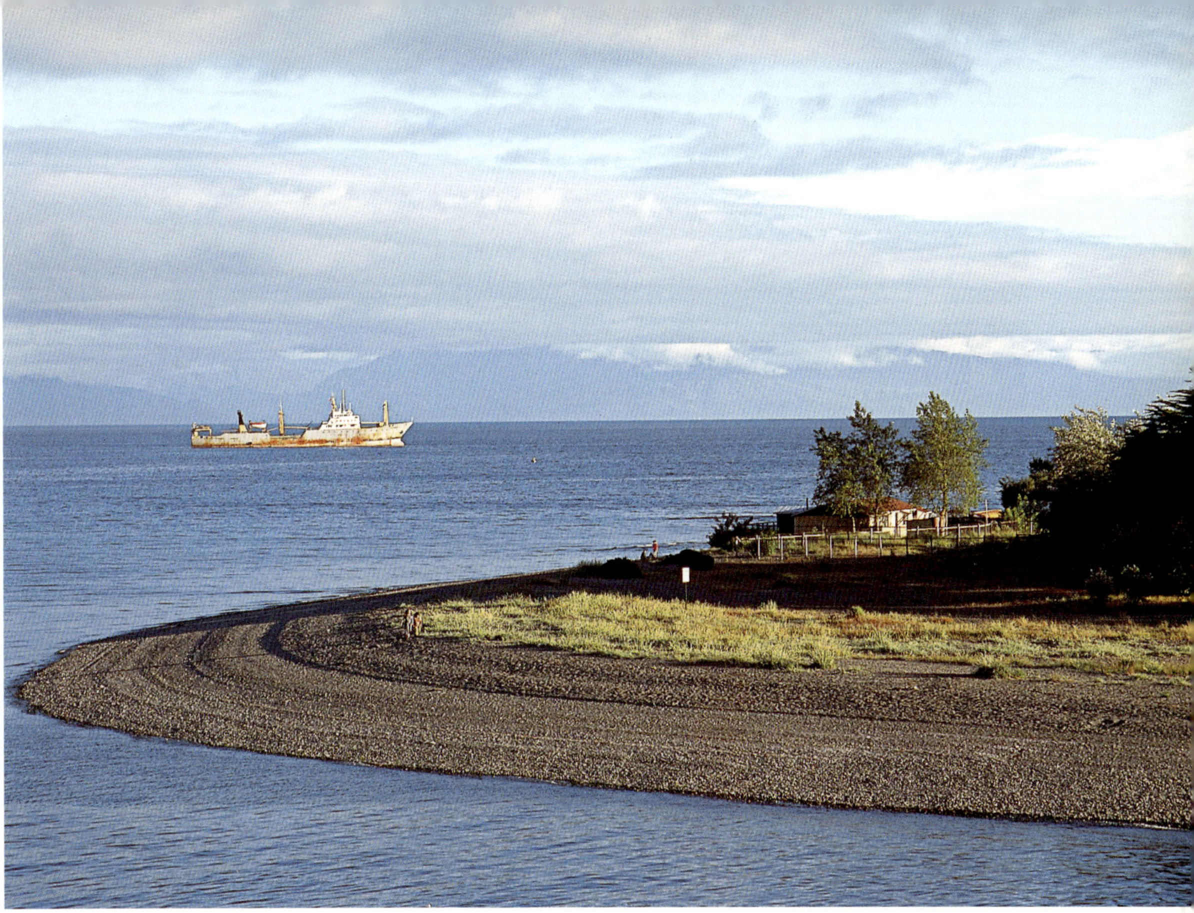

푸에르트 몬트는 칠로에 섬 맞은편에 있다

배는 유람용일뿐 아니라 물품 운반용으로도 사용된다

글레사Angostura Inglesa(영국 해협)를 통과하더니 장중한 분위기의 래스트호프 해협Last Hope Sound으로 진입한다. 이곳에서는 아름다운 구름들이 떠다니는 모습도 감상할 수 있다. 여행의 종착지인 푸에르토 나탈레스의 양철지붕들이 해안 근처에서 반짝이고 있다. 그러나 아쉬움에 누구도 배에서 내리는 것을 서두르지 않는다.

ⓘ 여행정보

나비맥 호는 푸에르토 몬트에서 푸에르토 나탈레스 사이를 일주일에 한 번씩 왕복하는데 북쪽인 푸에르토 몬트에서 출발하는 것이 더 좋다. 푸에르토 나탈레스로 갈수록 경치가 볼만해지기 때문이다. 나비맥 웹사이트에서 온라인으로 표를 예매할 수 있다. 가격은 선실 유형에 따라 다양하며 식대는 포함되지만 간식거리와 음료는 챙겨가는 것이 좋다. 칠레의 수도 산티아고Santiago에서 비행기를 타고 푸에르토 몬트로 갈 수도 있고, 관광용 버스를 타고 16시간을 여행하는 방법도 있다. 관광용 버스는 무척 편안하므로 장시간 탑승을 염려하지 않아도 된다.

협만 위로 눈 덮인 봉우리들이 늘어서 있다

◀ 햇살이 비추면 승객들은 모두 갑판으로 나온다

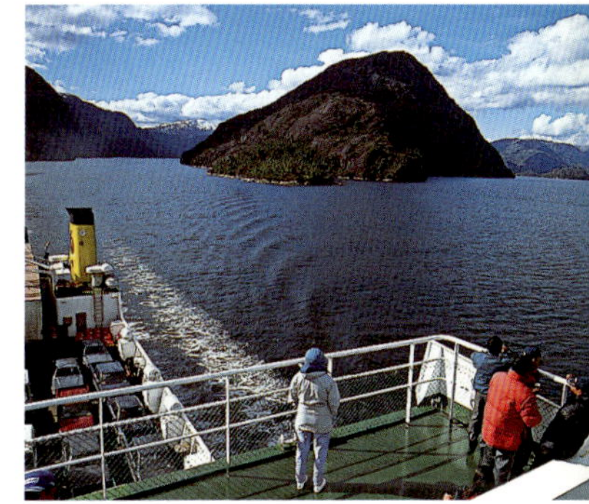

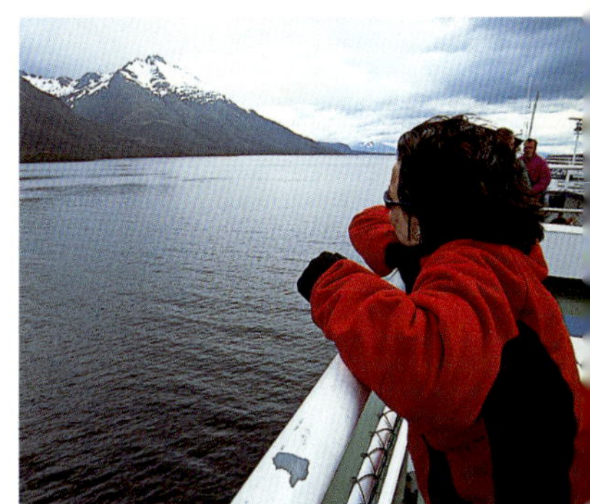

워즈워스와 함께 하는 도보여행

잉글랜드 북서부의 호수지역Lake District에는 이곳을 너무나 사랑했던 영국의 시인 윌리엄 워즈워스William Wordsworth의 흔적이 도처에 남아 있다. 험준한 바위산과 초목이 무성한 푸른 계곡, 거울처럼 잔잔한 호수 등 수없이 많다. 그리고 이 호수지역은 영국에서 매우 유명한 도보여행지이기도 하다. '윌리엄 워즈워스 웨이William Wordsworth way'라고 불리는 길을 따라 걷다보면, 어느새 워즈워스의 유명한 시'수선화Daffodils' 속의 남자를 저절로 이해할 수 있게 된다. 또한 구름처럼 떠돌도록 그를 부추긴 것이 무엇이었는지 가슴 깊이 깨닫는 잊지 못할 여행이 될 것이다.

호수지역의 산 위에서 바라보는 일출

호수지역에서 영감을 얻었던 수많은 작가들이 영국의 타지역에서 온 이방인이었던 데 반해 워즈워스는 이곳 출신이다. 그는 1770년 이곳의 소도시 코커머스Cockermouth에서 태어났다. 하지만 워즈워스가 대부분의 어린 시절을 보낸 곳은 호수지방 북동쪽 끝에 위치한 펜리스Penrith라는 소도시였다. 그리고 이후 혹스헤드Hawkshead에서 학교를 다녔다. 그곳에서 8년간 머물렀는데 바로 이 시기에 시에 대한 열정이 타오르게 된다. 아름다운 자연과 교장 선생님의 진심어린 격려 덕분이었다. 혹스헤드는 에스드웨이트 호수Esthwaite Water 가장자리에 위치한 마을로 완만한 평야와 숲이 어우러진 아름다운 풍광을 자랑한다. 훗날 호수지역에서 소요逍遙를 즐기는 버릇도 이 시기에 생겨난다. 당시 워즈워스는 학교에 가기 전에 새벽산책을 즐겼다고 한다.

더웬트 호수

호수지역 국립공원Lake District National Park 내부의 순환로인 윌리엄 워즈워스 웨이는 코커머스에서 시작하고 끝난다. 케스윅Keswick, 펜리스, 윈더미어Windermere, 혹스헤드, 버터미어Buttermere 등을 경유하는 이 길은 총 290킬로미터에 이른다. 충분히 즐기려면 걸어서 2주가 걸리는 거리다. 하지만 일정이나 관심에 따라서는 하루짜리 도보여행 코스를 선택할 수도 있다.

윌리엄 워즈워스 웨이의 공식 출발점은 코커머스 중심가에 있는 워즈워스 생가 앞이다. 그리고 이내 분주한 소도시의 혼잡에서 벗어나게 되는데 첫 번째 목적지는 걸어서 다섯 시간 거리에 있는 케스윅이다. 가는 도중에는 워즈워스의 시 '주목Yew Trees'과 관련이 있는 로우 로튼Low Lorton 마을을 지나게 된다. 이곳 마을회관 뒤에 서 있던 주목朱木에서 영감을 얻어 시를 지었다고 한다. 케스윅은 길이가 5킬로미터에 달하는 장대한 더웬트 호수Derwent Water의 북단에 있는 마을이다. 호수지역에서 세 번째로 큰 이 호수는 수상스포츠 마니아들이 즐겨 찾는 곳이다. 게다가 흩어져 있는 다섯 개의 섬과 아름다운 풍경으로도 명성이 자자하다. 호수의 서안, 캣벨스Cat Bells 봉우리 아래 오솔길을 걷다보면 양치류로 뒤덮인 비탈이 한눈에 들어오는데 숨이 막

힐 정도로 아름답다. 욕심 많은 도보여행자는 애플레스웨이트Applethwaite 쪽
으로 우회하여 높이 931미터의 스키도Skiddaw 산을 오르기도 한다.

사흘째에는 그가 특히 좋아했던 헬벨린Helvellyn 산을 찾아가보자. 틸미어
Thirlmere와 울스워터Ullswater, 두 호수 사이에 있으며 고도 905미터의 웅장한
모습을 하고 있다. 정상등반에 자신이 있다면 등산을 해보는 것도 좋다. 그
리고 날씨가 좋다면 스타라이딩 에지Striding Edge를 따라 내려오는 것을 추천
한다. 칼날처럼 날카롭게 솟은 산등성이가 부드러운 포물선을 그리며 아래
로 뻗어 있는데 정말 드라마틱하다. 워즈워스는 그의 시 '성실Fidelity'에서 아
래와 같이 헬벨린 산의 웅장함을 상세히 묘사하고 있다.

워즈워스의 무덤이 있는 그래스미어 교회

워즈워스 묘비석

저편에 무지개가 나오더니 구름이 모습을 드러내네
이어 나부끼는 장막처럼 퍼지는 자욱한 안개
햇빛, 그리고 어마어마한 굉음을 내는 돌풍,
가능하면 서둘러 이곳을 지나고 싶지만
허나 거대한 장벽이 단단히 붙들어 놓아주질 않네

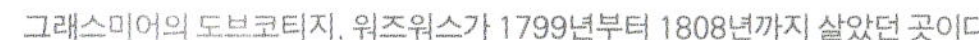
그래스미어의 도브코티지, 워즈워스가 1799년부터 1808년까지 살았던 곳이다

그래스미어 교회

　공식 루트는 글렌라이딩Glenridding에서 펜리스를 향해 동쪽으로 가는 것이지만, 잠시 남쪽으로 방향을 틀었다가 합류할 수도 있다. 남쪽으로 방향을 틀어 아름다운 언덕길을 지나면 워즈워스가 실제 살았던 곳이자 정신적 고향이기도 한 그래스미어가 나온다. 그는 캠브리지 대학에서 12년을 보낸 뒤 1799년 여동생 도로시Dorothy와 함께 호수지역으로 돌아왔다. 그리고 그래스미어에 있는 도브코티지Dove Cottage를 거처로 정했다. 그는 들판으로 둘러싸인 언덕과 그림처럼 아름다운 라이달 호수Rydal Water 등에서 영감을 얻어 가장 유명한 시 몇 편을 이곳에서 쓴다. '수선화' '어린 시절을 회상하면서 영생불멸을 깨

헬벨린 산 스트라이딩 에지의 아슬아슬한 모습

닫는 송시Intimations of Immortality from Recollections of Early Childhood' 등이 대표적이다. 14년 동안 도브코티지에서 산 후 그는 식구들과 함께 근처 라이달 마운트Rydal Mount라 불리는 집으로 이사를 했다. 그리고 1850년에 생을 마감한 그는 그래스미어 교회에 묻혔다. 아내 메리, 동생 도로시, 딸 도라의 무덤과 나란히 자리 잡은 그의 무덤은 그의 팬이라면 꼭 한 번 방문해봐야 할 곳이다.

그래스미어에서 서쪽으로 난 길은 우뚝 솟은 날카로운 봉우리 랭데일 파이크Langdale Pikes로 이어진다. 워즈워스가 무척 좋아했던 길로 그의 시 '소요The Excursion'에 등장하기

도 한다. 뾰족한 봉우리를 오르는 일이 여간 힘든 것이 아니지만 위에서 바라보는 풍경은 고생한 보람이 있을 만큼 아름답다. 랭데일Langdale 계곡과 던전Dungeon 협곡의 눈부신 장관이 펼쳐지기 때문이다. 앰블사이드Ambleside도 관광객들이 즐겨 찾는 마을이다. 여기서부터는 걷기가 한결 수월하다. 호수지역에서 가장 유명한 윈더미어 호수Lake Windemere의 동안을 따라 남쪽으로 가보자. 윈더미어 마을과 근처 보네스Bowness 마을에는 볼거리도 많고 즐길 거리도 많다. 잠시 이동을 멈추고 이삼일쯤 머물며 휴식을 취해도 좋다.

보네스를 지난 후 길은 서쪽 호수들로 이어진다. 페리를 타고 광활한 그리즈데일 Grizedale 숲을 지나면 시인이 어린 시절을 보낸 혹스헤드에 도착한다. 이전까지의 길에 비해 이 구간은 훨씬 한적하고 황량하다. 워즈워스는 이곳에서 많은 영감을 얻었으며, 지역 주민들이 특히 좋아하는 구간이기도 하다. 혹스헤드에서 부트Boot까지 가는 길에는 코니스턴 호수Coniston Water를 지난다. 이곳에도 공식 루트를 과감히 벗어날 만한 멋진 곳이 있다. 바로 코니스턴 올드 맨Coniston Old Man이라는 호수지역의 대표적인 산이다.

다시 돌아와 부트 마을 북쪽 워스트워터Wastwater 호수 근처로 가면 워스데일 헤드

캣츠벨스에서 이어지는 농장지대

Wasdale Head라는 경치가 좋은 협곡이 나온다. 그리고 인근에 협곡을 굽어보고 있는 스카펠 파이크Scafell Pike 봉우리가 있다. 978미터로 잉글랜드 지방에서 가장 높은 봉우리다. 마지막으로 코커머스로 돌아오는 길에는 버터미어 마을로 가는 제법 힘든 언덕길을 오르게 된다. 하지만 이쯤 되면 발도 호수지역의 악조건에 상당히 길들여져 있을 테니 주변 경치를 좀 더 차분하게 감상할 여유가 생길 것이다. 어쩌면 워즈워스의 주옥같은 시들을 탄생시켰던 강렬한 영감을 경험하게 되어 꽤 근사한 시 한편을 읊을 수 있을지도 모르겠다.

ⓘ 여행정보 ···

호수지역으로 가는 가장 가까운 국제공항은 맨체스터Manchester 공항이다. 맨체스터에서 한두 시간 차를 타거나 기차를 타면 된다. 마을과 마을 사이를 다니는 버스가 있긴 하지만 빨리 이동하고 싶다면 차를 렌트하는 것이 좋다. 호수지역은 변화무쌍한 날씨로 악명 높다. 여벌의 방한복과 방수 재킷은 필수다. 도보여행에 도움이 될만한 좋은 지도들이 많은데 그 중에서도 오드낸스 서베이 랜드레인저Ordnance Survey Landranger 1:50,000 시리즈와 익스플로러Explorer 1:25,000 시리즈를 많이 이용한다. 호수지역 마을에서 쉽게 구할 수 있다. 하워드 벡Howard Beck의 여행안내서인 《윌리엄 워즈워스 웨이William Wordsworth Way》에도 길이 잘 소개되어 있다. 이 책은 숙소에 맞춰 하루일정을 마무리하도록 구성되어 있다.

더웬트 호수 근처의 캣츠벨스

캣츠벨스에서 내려오는 길

러시아의 수도 모스크바Moscow를 출발하여 몽골Mongolia의 대초원과 고비사막Gobi Desert을 지나 중국의 수도 베이징Beijing까지 달리는 몽골횡단열차Trans Mongolian Railway는 그야말로 한 편의 웅장한 서사시다. 일주일 동안 그 장엄함을 경험하고 나면 매일 보던 통근열차조차 예전과는 다르게 느껴질 것이다.

몽골횡단철도는 그 길이가 약 8,000킬로미터에 달하며, 흔히 시베리아횡단철도라고 부르는 열차의 세 가지 노선 중 하나다. 다른 하나는 만주횡단철도로 이 역시 모스크바에서 베이징까지 이어지지만 몽골지역 대신 외곽으로 돌아 중국의 만주 지역을 통과한다. 나머지 하나는 시베리아횡단철도 자체로 모스크바에서 블라디보스토크Vladivostok까지 이어진다. 이 노선은 수많은 철도 마니아들을 거느리고 있고 전체를 대표할 만큼 유명하다. 몽골을 거치는 노선보다 볼거리는 부족하고 오히려 길기만 한 여행인데도 말이다. 시베리아횡단철도와 몽골횡단

러시아 울란우데 역의 승무원　　울란바토르의 간단사원

철도가 나뉘는 지점은 바이칼 호수Lake Baikal 동쪽 연안에 위치한 울란우데Ulan Ude다. 몽골횡단철도는 이곳에서 방향을 남쪽으로 틀어 울란바토르Ulaan Baatar로 달린다.

　세 노선 모두 호화로운 여행이라기보다는 인간미가 물씬 풍기는 기차여행이다. 현지인과 섞여 이동해야 하며 안락함 따위는 기대하지 않는 게 좋다. 기차는 승객이 탑승하거나 하차할 때만 정차하고, 승강장과 창가는 간식이나 털모자를 파는 상인들이 점거하기 일쑤다. 게다가 관광객을 위한 배려라고는 전혀 없기 때문에 도중에 머물고 싶은 곳이라도 있으면 아예 하차해서 다음 열차를 기다려야 한다. 그런데 그 다음 기차란 것이 대도시에서 하차했을 때를 제외하고는 일주일쯤 뒤에 도착할 수도 있다. 그러므로 혼자 여행을 한다면 신중하게 계획을 짜야 한다. 물론 열차 시간 등을 고려하여 여행일정을 짜주는 여행사들도 많이 있다.

　　모스크바에서 동쪽으로 달리는 이 장대한 철도를 건설하겠다는 발상은 19세기 후반 교역이 발달하고 블라디보스토크 항구가 개항되면서부터다. 실제 공사는 1891년 알렉산더 3세 때 시작되었다. 군인과 죄수들의 노동력을 대규모로 동원한 덕분에 15년 뒤 대공사를 마치고 노선 전체가 개통되었다. 우선 모스크바 자체가 흥미진진한 곳이므로 기차에 오르기 전에 시간을 내서 둘러보도록 하자. 꼭 봐야 할 곳을 한 군데만 꼽으라면 단연 상크트 바실리 대성당St. Basils Cathedral이다. 붉은 광장 남쪽에 위치한 16세기 성당으로 양파모양의 지붕을 하고 있는 첨탑과 동화적인 분위기의 강렬한 색상 배열이 특히 인상적이다.

열차 승무원

모스크바 붉은 광장에 있는 상크트 바실리 대성당

모스크바의 레닌 묘 앞

뾰족 지붕이 인상적인 야로슬라브스키Yaroslavski 역에서 열차에 탑승을 한다. 아마도 뾰족 지붕마저 없었더라면 무척 음침하고 딱딱한 분위기였을 것이다. 말쑥한 제복 차림의 역무원들이 조금은 무뚝뚝한 표정으로 손님을 맞는다. 찬찬히 들여다보면 살짝 미소를 짓고 있는 것 같기도 하다. 생글생글 웃는 표정은 아니지만 그래도 친절하고 서비스 정신만은 투철하다. 어떤 표를 끊었느냐에 따라 다르겠지만 기차에 오른 뒤 단층 침대가 두 개인 1등석이나 2층 침대가 두 개인 2등석에 자리를 잡게 된다. 모든 열차에는 식당 칸이 있으며 음식도 그럭저럭 먹을 만하다. 비행기 기내식 정도의 수준이라고 생각하면 된다. 그리고 까다로운 레스토랑 비평가들을 긴장하게 할 만한 위생상의 문제도 없다.

모스크바를 출발한 열차는 덜커덕덜커덕 쇳소리를 내며 동쪽으로 달리기 시작한다. 곧 전망이 탁 트인 교외가 나오고 계속 달리면 예카테린부르크Yekaterinburg가 나타난다. 이곳은 1721년 예카테리나 2세Ekaterina II에 의해 건설된 도시로 현재는 대규모 산업도시로 성장했다. 아마도 여행 초반에는 바깥 풍경보다는 열차 내에서의 일상이 좀 더 흥미로울 것이다. 러시아인, 시베리아인, 중국인 등의 현지인과 유럽인을 비롯해 수많은 가난한 여행자들을 만날 수 있다.

크렘린에 있는 과거 나폴레옹군의 대포

시베리아인이 자신들을 러시아인과 구별하여 별개의 민족처럼 생각하는 것도 흥미롭다. 이런 그들의 태도는 시베리아가 오랫동안 망명지였다는 데서 기인하는 것 같다. 러시아인과 시베리아인은 모두 자신들의 삶과 문화에

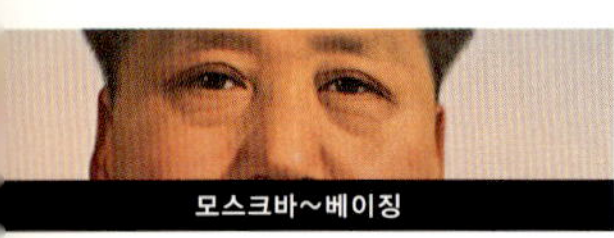

깊은 애정을 갖고 있으며 진정으로 삶을 즐기는 듯 보인다. 특히 전통술 보드카에 대한 애정은 각별하다. 특별히 계획하지 않아도 객차 어디에선가는 사람들이 모이고 술자리가 벌어진다. 이런 사교적인 술자리는 하루도 거르지 않고 계속된다.

여행 시작 후 이삼일이 지났을 무렵 기차는 콘크리트 건물이 있는 도시를 거쳐 가문비나무 숲이 흩어져 있는 인적이 드문 지역을 지난다. 그리고 무역도시 이르쿠츠크Irkutsk를 지나자마자 거대한 바이칼 호수가 나타난다. 바이칼 호수는 깊이로는 세계 최고를 자랑하며 규모 면에서는 아시아 최대를 자랑한다. 길이 약 645킬로미터, 넓이 약 80킬로미터, 깊이 1,637미터로 호수라기보다는 광활한 바다처럼 느껴진다. 세계 담수의 약 20%가 이곳 바이칼 호수에 저장되어 있다고 한다. 약 250만 년 전으로 거슬러 올라가는 독특한 지질학적 역사를 갖고 있으며 바이칼 바다표범을 비롯해 다수의 고유종이

중국황실의 여름별궁 이허위안에 있는 탑, 베이징

마오쩌둥은 지금도 천안문 광장을 내려다보고 있다

중국의 만리장성

베이징 이허위안 내부에 있는 중국 최대의
경극극장 더허위안 앞의 손오공 석상

서식한다. 유네스코에서 그 가치를 인정해 1996년에는 세계자연유산에 등록되기도 했다. 그러므로 기차에서 내려 잠시 머물 만한 가치가 충분하다.

그러나 기차에서 내려 천천히 구경할 여유가 없다고 해도 속상해할 필요는 없다. 달리는 기차 안에서 보는 바이칼 호수 역시 멋지기 때문이다. 호수 연안을 따라 동쪽으로 계속 달리면 시베리아횡단철도에서 몽골횡단철도가 분리되는 울란우데가 나온다. 이는 총 8,000킬로미터의 여정에서 약 5,500킬로미터를 지나왔음을 의미한다. 이곳은 불교 전통이 매우 강한 곳이며 매력적인 역사박물관이 있다. 도해를 곁들인 티베트어 의학서를 비롯해 많은 문헌과 종교적인 예술품이 전시되어 있다. 모두 구소련 당시에는 빛을 보지 못하던 것들이다. 울란우데에서 러시아와 몽골 국경이 있는 나우쉬키Naushki 역까지는 대략 12시간이 걸린다. 나우쉬키를 통과하고 나면 나무가 없는 대초원 지대로 진입한다. 대자연의 원시적 아름다움 앞에서 경외감을 느끼게 될 것이다.

최근 해외여행을 해본 사람이라면 과거에 비해 국경통과가 한층 수월해졌다는 사실에 공감할 것이다. 대부분의 국가가 번잡한 사무절차를 간소화하고 비자면제 대상도 대폭 늘리는 등 관광 활성화를 위해 노력하고 있다. 하지만 이 곳에서는 입국허가를 받기까지 한참을 기다려야 한다. 복잡한 서류를 작성하고 의심스런 눈초리로 위아래를 훑는 세관직원의 눈길에 시달

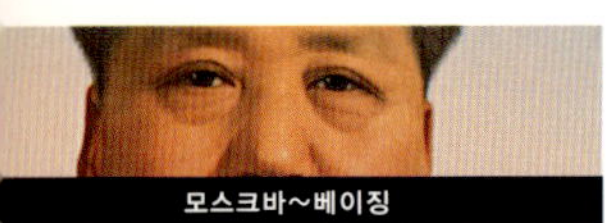

이허위안의 17공교, 베이징

베이징의 복잡한 거리

리면서 줄을 서서 기다리고 또 기다려야 겨우 도장을 받을 수 있다.

몽골 지역으로 들어와서도 자연 풍경은 크게 달라지지 않는다. 다만 둥근 천막이 여러 채씩 보이는 모습만이 다를 뿐이다. 초원에서 목축업을 하는 사람들이 기거하는 곳으로 게르Ger라고 부른다. 주로 완만해보이는 푸른 언덕이나 계곡에 흩어져 있다. 울란바토르에 도착할 무렵에는 기차에서 잠시라도 떠나고 싶은 마음이 간절해진다. 그리고 실제 많은 여행자들이 내려 이삼일 혹은 그 이상을 머물기도 한다. 울란바토르라는 도시 자체는 별 매력이 없지만 주변의 스텝 지역을 둘러보는 다양한 투어프로그램이 있다. 스텝 투어는 몽골 사람들을 직접 만나고 그들의 실생활을 접해볼 좋은 기회다. 특유의 짭짤한 야크버터와 발효시킨 말젖을 맛볼 수도 있다.

다시 기차에 오르면 무시무시한 고비사막이 울란바토르 남쪽에서 기다리고 있다. 과거에는 한 번 발을 디디면 살아 돌아오지 못했다는 곳이다. 긴장을 늦추지 말고 창밖을 바라보자. 낙타와 게르 천막이 밀집된 부락들을 훨씬 더 많이 볼 수 있을 것이다. 기차를 탄 시간만 따져 6일째가 될 무렵, 몽골과 중국의 국경인 얼리안Erlyan에 도착한다. 마음의 준비를 단단히 하는 편이 좋다. 러시아와 몽골의 국경에서보다 더 많은 서류를 작성하고 더 많이 기다려야 할 테니까 말이다. 객차를 들어 올려 바퀴를 교체하는 이색적인 광경도 볼 수 있다. 중국의 철도 너비가 러시아나 몽골과는 다르기 때문이다.

남쪽으로 약 800킬로미터를 더 달리면 만리장성이 나타난다. 그리고 만리장성을 얼핏 봤다 싶을 즈음 열차는 종착지인 베이징으로 진입한다. 몽골 횡단철도 여행은 누구에게나 평생 기억에 남을 만한 진귀한 경험이다. 두고 두고 친구들에게 자랑할 소중한 기억을 한아름 안은 채 여행을 마치게 될 것이다.

ⓘ **여행정보**

모스크바나 베이징 현지에서 기차표를 살 수 있다. 하지만 여행을 떠나기 전에 미리 예약을 해두는 것이 좋다. 만약 편안한 일등석에서 여행을 하고 싶다면 예약은 필수다. 출발 전에 비자 관련 정보를 상세하게 알아두자. 몽골 통과 비자는 비교적 수월하게 발급받을 수 있지만 중국 입국 비자는 국경에서는 발급되지 않으므로 유의해야 한다. 유럽 및 북아메리카의 많은 여행사가 고객 일정에 맞춘 여행프로그램을 제공한다. 물론 도중에 몇몇 도시에서 체류하는 것도 포함되어 있다. 이런저런 골치 아픈 일에서 해방되고 싶다면 이들 여행사들을 활용하는 것도 좋은 방법이다. 음식이 입에 맞지 않을 수 있으므로 간식을 준비해두자.

자금성 한 쪽에 있는 아름다운 망루 ▶

어머니 같은 대자연이 선사하는 가장 인상적이고 화려한 쇼 중에서 미국 뉴잉글랜드New England 지방의 가을단풍을 빼놓을 수는 없다. 황갈색, 노란색, 빨간색… 나무 꼭대기까지 총천연색으로 옷을 갈아입는다. 가을단풍이야 세상 어디서나 볼 수 있다지만 이곳 단풍은 좀 더 특별하다. 독특한 기후와 수종樹種, 지형이 절묘하게 어우러져 지구상에서 가장 눈부신 장관을 연출하는 탓이다. 일주일 정도 시간을 두고 이곳 단풍 속을 차로 달려보자.

화이트 산 속으로 달리는 자동차

단풍이란 순전히 자연현상에 의한 것이기 때문에 예측이 쉽지 않다는 어려움이 있다. 올해는 어디가 빛깔이 가장 고울지, 도대체 언제 단풍이 시작될지 정확히 예측할 수가 없다. 그럼에도 단풍 상황에 따라 휴가일정을 조정할 수 있다면 더할 나위 없이 좋을 것이다. 10월은 뉴잉글랜드 지방의 단풍이 절정에 이르는 시기다. 캐나다와 국경을 접하고 있는 뉴잉글랜드 지방에는 뉴햄프셔New Hampshire, 버몬트Vermont, 메인Maine 주 등이 속해 있다. 이때쯤이면 북쪽에서 남쪽까지 뉴잉글랜드 지방 전체가 온통 총천연색 장막으로 뒤덮인다. 예측이 쉽지 않다고 해서 짐작만 가지고 무턱대고 여행을 떠나야 하는 것은 아니다. 몇몇 웹사이트를 통해 단풍이 절정을 이루는 시기를 확인할 수 있다.

단풍의 색깔 변화는 국지적으로 일어나는 경우가 많으므로 특정 지역이 다른 지역보다 더

위니페소키 호수에 비친 단풍 ▶

울긋불긋 눈부신 가을 단풍 속으로

빛깔이 고울 수 있다. 그리고 하루가 다르게 변하기도 하고, 계곡이나 산 하나를 지날 때마다 풍경이 확 바뀌기도 한다. 고도 또한 단풍 빛깔과 시기에 큰 영향을 미친다. 고지대의 나무가 계곡 아래에 있는 나무보다 먼저 단풍이 든다. 그러므로 최신 정보를 파악한 뒤 좋은 지도를 들고 시시각각 변하는 단풍을 좇아가는 것도 이 여행의 묘미다. 토네이도의 뒤를 좇는 여정의 '느린 버전'이라고 할 수 있을 것 같다. 울긋불긋 총천연색 단풍의 유혹에 빠져 정신없이 다니다보면 보통 여행에서는 가보기 힘든 지역까지 두루 보게 된다. 이처럼 단풍에 열광하는 사람을 뉴잉글랜드에서는 '리프 피퍼leaf peeper'라고 부른다.

고전적인 단풍 여행 노선은 보통 보스턴Boston에서 시작한다. 이어 북서쪽에 있는 버몬트로 이동한 다음, 동쪽으로 돌면서 뉴햄프셔 북쪽 화이트산맥White Mountains의 드라마틱한 단풍을 즐긴다. 그리고는 남쪽으로 방향을 틀어 래코니아Laconia 근처의 호수가 많은 아름다운 지역을 둘러보는 여정이다. 장대한 코네티컷Connecticut 강의 주변을 따라가는 것인데 잉글랜드 지방에서 단풍으로 알아주는 지역은 대부분 포함하고 있다. 직선으로 뻗어 빠르게 갈 수 있는 주간州間 고속도로의 유혹이 만만치 않겠지만, 이와 평행으로

나 있는 옛 도로를 따라가면 훨씬 멋진 드라이브를 즐길 수 있다.

코네티컷 강 북쪽으로 난 12번 도로를 타고 가면 뉴잉글랜드의 트레이드 마크인 나무로 만든 유개교有蓋橋를 몇 개 지나 레바논Lebanon까지 갈 수 있다. 레바논부터는 4번 도로를 따라가는데 신나는 드라이브를 즐길 수 있는 곳이다. 산악지대를 지나 우드스톡Woodstock과 러틀랜드Rutland까지 이어지는 길이다. 남쪽으로는 황금빛으로 물든 그린마운틴국유림Green Mountain National Forest이 보인다. 식사와 경치감상을 위해 이곳에서 잠시 쉬어가는 것은 필수 코스다. 경치 좋은 곳에 자리 잡은 레스토랑 중에 도대체 어느 곳을 선택할지가 고민스러울 것이다.

러틀랜드에서 완만한 산지를 누비듯 달리면 뉴욕 주와 버몬트 주 경계에 있는 샹플랭Champlain 호수가 나타난다. 아름다운 호숫가에는 목가적인 분위기의 휴양시설이 드문드문 있다. 부드러운 햇살이 수면을 적시는 모습

홀더니스 근처의 숲길

화이트 산맥의 급류

홀더니스 학교

을 감상하기에 더없이 좋은 장소다. 다시 동쪽으로 방향을 틀어 302번 도로를 타면 코네티컷 강을 건너 뉴햄프셔에서 가장 아름다운 곳으로 데려다준다. 바로 화이트산맥국립공원이다. 뉴잉글랜드의 가을단풍 중에서도 으뜸으로 꼽히는 곳 중 하나다. 불쑥 솟은 봉우리들 사이로 1,916미터의 워싱턴산Mount Washington이 하늘을 찌를 듯 치솟아 있다. 공원으로 가려면 우즈빌Woodsville에서 우드스톡까지 이어지는 칸카마구스Kancamagus 도로를 이용하는 것이 좋다. 이곳은 앞서 지나온 우드스톡과는 다른 곳이다. 뉴잉글랜드 지방에는 우드스톡이라는 이름을 가진 마을과 도시가 여럿 있다. 구불구불 휜 칸카마구스 도로는 112번 도로의 일부로 주변 풍경이 아름다워 자동차 여행자들이 특히 좋아하는 곳이다.

화이트 산맥은 날만 잘 골라 간다면 전망이 환상적이다. 빨간색, 황금색, 황갈색, 노란색, 녹색… 색색의 나무들로 둘러싸인 채 우뚝 솟은 산들을 보라. 대부분의 잎은 겨울을 앞두고 차가워진 기온 때문에 엽록소가 줄어 곱게 물든다. 하지만 눈부시게 붉은 단풍나무는 햇빛 때문에 잎 속에서 당분이 생산되는 따뜻한 여름부터 단풍이 들기 시작한다. 때문에 여름이 더울수록 가을의 붉은 빛은 강해진다.

화이트 산맥에서 놓치지 말아야 할 볼거리 중 하나는 플룸 협곡Flume Gorge이다. 3번 도로에서 벗어나자마자 나타나는 링컨

여름이 길고 따뜻할수록 단풍나무의 붉은 빛은 더욱 강렬해진다

Lincoln 시 북쪽에 위치한다. 협곡을 보기 위해 잠시 산길을 걸어보자. 숲을 통과하여 요란한 굉음을 내는 폭포를 지나면 붉은색 지붕이 인상적인 아름다운 유개교가 나온다. 1886년 건설된 것으로 아래로 흐르는 강은 페미게와셋Pemigewasset 강이다. 다리를 건너 좀 더 걸으면 굉장히 좁은 협곡이 나오는데 협곡 자체도 아름답지만 산길을 걸으며 단풍을 본다는 것 자체로도 꽤 운

109번 도로 주변의 나무들

화이트 산맥의 단풍나무

스쿼호수의 단풍나무 잎

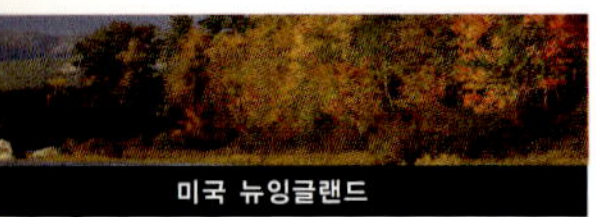

스쾀 호수 너머의 숲, 홀더니스

치 있는 일이다. 이곳 외에도 많은 산길이 있으니 어느 길이든 택해 꼭 걸어보도록 하자. 다시 차에 올라 공원 안의 다른 길로 달리면 프랑코니아 협곡Franconia Notch과 크로포드 협곡Crawford Notch이 나온다. 둘 다 둘러볼 만하다.

화이트 산맥의 남쪽으로 가면 지형이 좀 더 완만해진다. 숲보다는 거대한 위니페소키Winnipesaukee 호를 비롯해 여기저기 불규칙하게 자리잡은 호수들이 주인공이다. 스쾀Squam 호숫가에 있는 작은 마을 홀더니스Holderness는 반나절짜리 호수 일주를 시작하기에 최적의 장소다. 예스럽고 분위기 있는 마을 잡화점에서는 집에서 손수 만든 과자를 판매하는데 보기만 해도 군침이 돈다. 다시 25번 도로를 타고 잠시 달리면 조용한 어촌 센터 하버Center Harbor가 나온다. 그리고 거기서 계속 더 가면 위니페소키 호수의 동안東岸으로 나 있는 109번 도로가 나온다. 황금빛 나뭇잎들이 미로처럼 구불구불한 도로 위를 뒤덮고 있을

190

가을 폭우로 강물이 불어난 모습

페미게와셋 강의 유개교

것이다. 나뭇잎들 사이를 뚫고 들어온 햇살 때문에 도로는 따사롭기 그지없다. 앨튼Alton 만에서부터 호수 서안으로 올라갔다가 다시 홀더니스 마을로 돌아오면 호수 일주는 끝이 난다. 이곳에 숙소를 잡고 발코니에서 떠오르는 달을 감상해보자. 대자연의 화려한 가을 축제를 둘러보는 유쾌한 여정을 마무리하기에 더없이 좋은 장소다.

ⓘ 여행정보 ....

가이드 딸린 뉴잉글랜드 가을단풍여행 프로그램을 내놓은 회사들이 꽤 많다. 하지만 비교적 쉬운 여정이므로 보스턴에서 차를 빌려 개별여행을 해도 된다. 관련 주의 관광청 직원들이 어느 길로 가야 할지 많은 도움을 줄 것이다. 단풍이 절정인 10월에는 소도시나 작은 마을 숙소들은 모두 예약이 꽉 차 있다. 하지만 주간州間 고속도로 상에 있는 대도시 숙소들은 남아 있을 것이다. 단풍상황을 알 수 있는 가장 좋은 웹사이트는 www.foliagenetwork.com이다. 지역의 단풍상황을 알려주는 정보들이 계속해서 업데이트 되며, 시기별로 단풍이 가장 좋은 곳을 추천해준다.

만달레이로 돌아오라

바간의 아난다 불탑

도시의 하늘을 메운 수많은 불탑, 뿌리 깊은 불교문화의 전통, 세월이 비켜간 듯 예나 다름없는 전원 풍경… 미얀마는 분명 독특한 분위기를 자아내는 최고의 여행지다. 영국의 소설가이자 시인인 조셉 루디야드 키플링Joseph Rudyard Kipling은 '만달레이Mandalay'라는 시를 통해 미얀마의 매력을 극찬 했다. 그를 이처럼 감동시킨 것은 과연 무엇일까. 호화로운 유람선을 타고 아예야르와디Ayeyarwady 강을 따라 바간Bagan에서 만달레이Mandalay까지 항해를 하며 그 답을 찾아보자.

버마라고 불리던 시절에 영국의 식민지배를 받기도 했던 미얀마는 1948년에 독립을 했다. 1962년 이후에는 '미얀마식 사회주의'를 내건 네윈Ne Win의 사회주의 군사정권 아래에서 외 부 세계와 단절된 생활을 해왔다. 그러나 최근 미얀마가 관광객에게 그 문을 조금씩 열기 시 작했다. 세계와 다시 소통을 시작한 미얀마의 풍요로운 문화자산과 평온한 매력은 키플링의 말처럼 "…우리가 알고 있는 어떤 나라와도 다르다." 키플링은 미얀마에 발을 들여놓는 순간 이런 독특함을 간파했다고 한다. 아마도 미얀마 최고의 보물은 2006년까지 수도였던 양곤 Yangon(이전에는 랑군Rangoon이라 불렸다)에 있는 쉐다곤Shwedagon 불탑일 것이다. 전체적으로

바간의 수많은 불탑 너머로 태양이 지는 모습

뾰족한 탑 모양을 하고 있지만 규모가 크고 내부에 예배당 등의 시설을 갖추고 있으며 주변에 작은 탑들을 거느리는 경우가 많다. 불상이 안치되어 있고 사람들이 들어가 예배를 드리는 등 탑이라기보다는 불교사원에 가깝다. 아예야르와디 강을 따라 북쪽으로 출발하기 전에 반드시 들러보도록 하자.

쉐다곤 불탑이 규모 면에서 깜짝 놀랄 만했다면, 아름다운 고대 수도 바간의 삼천 개가 넘는 불탑들을 보면 그 장엄한 모습에 절로 경외감이 든다. 양곤에서 비행기로 1시간 30분 거리에 있는 바간은 나흘 동안 아예야르와디 강을 거슬러 올라가는 여정의 출발점이다. 불탑들은 강 옆 광활한 평야에 자리 잡고 있는데 하늘 위로 솟은 수천 개의 불탑이 도시를 온통 뒤덮고 있다. 어느 방향으로 고개를 돌려도 수십 개의 불탑이 눈에 들어온다. 끝이 뾰족한 불탑들은 미적으로도 매우 뛰어난 솜씨를 자랑한다.

바간은 강력한 버마 왕조 시대인 11세기에 왕국의 수도가 되었고 이후 200년 동안 번성했다. 전성기에는 4만 개가 넘는 불탑이 있었다고 한다. 지금은 대부분 부서져 사라져

새벽에 열기구 타기, 바간

열기구는 바간의 사원들을 둘러볼 수 있는 최고의 수단이다

버렸지만 방문객들은 지금도 불탑이 너무 많아 어느 것을 봐야 할지 고민에 빠지곤 한다. 800년도 더 된 붉은 벽돌의 불탑들이 붕괴되어 반쯤은 무성한 풀에 덮여 있는 모습과 마주치면, 미지의 세계를 탐험하던 탐험가가 된 기분이 들기도 한다. 바간의 하이라이트는 아난타Ananda 불탑 안의 금동불상과 구비야우크지Gubyaukgyi 사원의 벽을 가득 메운 섬세한 솜씨의 고대 벽화다.

바간은 미술품과 공예품으로도 유명한데 미얀마 칠기 생산의 중심지다.

아름다운 공예품을 구경하며 하루 종일 냥우Nyaung-Oo 시장을 돌아다녀도 결코 지루하지 않다. 하지만 도시의 진정한 아름다움을 느끼게 되는 순간은 바로 해질녘이다. 도시의 수많은 불탑이 황금빛 저녁놀에 잠겨 있는 모습은 장엄함 그 자체다. 전망 좋은 불탑 위로 올라가 도시를 조망해보자. 저 멀리 들판에서는 소가 쟁기질을 하고, 사람들은 자전거를 타고 어딘가로 천천히 향한다. 엷은 자줏빛 법복을 입은 승려들이 사원으로 돌아가는 모습도 보인다. 현대에도 이런 삶의 방식이 존재한다는 사실이 믿기지 않을 정도로 평온하기 그지없는 광경이다.

미얀마의 전통적 삶의 방식에 감탄하면서도 한편으로는 현대문명의 이

바간과 저 멀리 아예야르와디 강 위로 땅거미가 지고 있다

기를 두루 갖춘 초호화 유람선에 감사하는 이중성을 가진 것이 사람이다. '만달레이 가는 길'이라는 이름의 유람선은 미얀마의 아름다운 풍경을 감상할 최상의 조건을 갖추고 있다. 배가 아예야르와디 강 상류로 이동하는 동안 갑판 위에서 느긋한 마음으로 강변에 사는 미얀마 사람들의 일상을 지켜볼 수 있다. 최고급 시설에 훌륭한 음식까지 즐기면서 말이다. 아예야르와디 강은 미얀마의 동맥 같은 곳이다. 도로시설이 낙후되어 있기 때문에 지금도 나

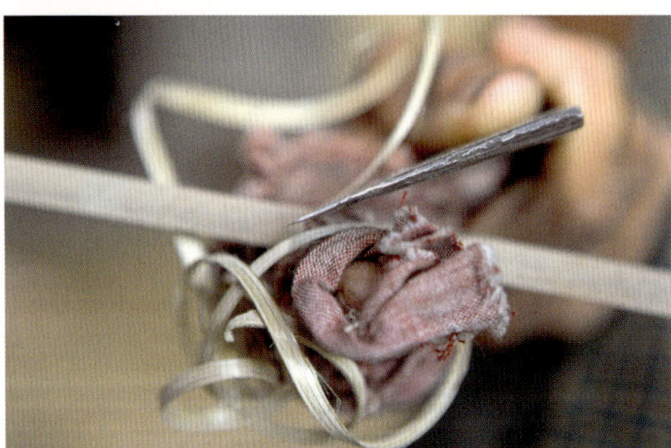

쉐 켸트 예트 마을의 동자승

바간의 칠기점에서 대나무 깎는 모습

자야르 테잉기 수도원의 여승, 만달레이

낭우 시장의 생선 가게, 바간

쉐난도 수도원의 문 장식, 만달레이

공양을 받는 바간의 승려들

바간의 칠기 공예점

타웅타만 호수에서 노를 젓는 모습

라 곳곳으로 사람과 물자를 실어 나르는 주요 통로가 되고 있다. 강폭이 넓지만 목재를 실은 바지선과 어부들이 탄 통나무 카누가 복잡하게 얽혀 지나다닌다. 그 속에서 유람선은 느린 속도로 우아하게 나아간다. 까만 하늘에 별이 빛나기 시작하는 황혼녘에 보면 배가 저절로 물속을 미끄러져 가는 것만 같이 느껴지기도 한다.

3일째에 배는 작은 마을 쉐 케트 예트Shwe Kyet Yet에 도착한다. 유람선의 주요 정박지로 만달레이에서 차로 15분이면 닿는다. 대도시의 혼잡함을 피하기 위해 심사숙고해서 선택한 정박지다. 대나무가 많이 자라는 이 마을은 한가로이 산책하기 좋다. 이른 아침이면 수도원에서 나온 승려들이 길게 늘어서서 주민들에게 공양을 받는다. 계집아이들은 고무줄놀이를 하고 할아버지는 자전거를 수리하며 할머니는 화덕에서 음식을 만드느라 분주하다.

만달레이의 불교사원 밀집지역에는 부조로 장식된 쉐난도 수도원Shwenandaw Monastery을 비롯해 오래된 목조 수도원과 불탑들이 많다. 사람들이 가장 숭배하는 곳은 마하무니Mahamuni 불상을 모신 마하무니 불탑이다. 마하무니 불상은 높이 4미터에 청동으로 만들었지만, 10센티미터가 넘는

타웅타만 호수 위의 우-베인 다리를 지나가는 승려 ▶

공양을 받으려는 승려들의 긴 줄

기도하고 있는 여승, 양곤

금박으로 뒤덮여 있다. 숭배자들이 예배를 드리러 와서 붙인 것이다. 예배당 안을 들여다보면 지금도 새로운 금박을 입히고 있는 모습을 볼 수 있다. 금박은 현지에서 만드는데 공장을 방문해보는 것도 흥미로운 경험이다. 그렇게 얇은 금박을 만들기 위해 얼마나 많은 공이 들어가는지를 보면 장인의 노고에 놀라울 따름이다. 해질녘에는 우베인U Bein 다리로 가보자. 타웅타만 Taungthaman 호수 위에 그림처럼 걸려 있는 나무다리다. 자전거를 탄 사람, 승려, 비구니, 어부 등이 나무 들보를 댄 다리 위를 오가는데 황혼의 하늘에 비친 실루엣이 그렇게 아름다울 수가 없다.

더 상류로 가려면 작은 페리를 타야 한다. 그곳에서는 거대한 규모의 민군Mingun 불탑이 볼 만하다. 부처의 이 하나를 안치하기 위해 1790년 무렵부터 짓기 시작해 아직까지도 공사가 진행 중이다. 육중한 기단도 지역 최대이고 전체 높이는 다른 불탑의 세 배에 이른다. 가파른 계단을 힘들게 올라야 하지만 꼭대기에서 바라보는 풍경은 그 무엇과도 바꿀 수 없을 만큼 굉장히 아름답다. 민군 불탑에는 현재 사용되는 세계 최대의 종이 있다. 크기만 보면 러시아에 있는 것이 가장 크지만 현재는 사용되지 않는다.

사가잉Sagaing 언덕은 미얀마에 작별을 고하기에 안성맞춤인 장소다. 만달레이와 타고 온 유람선이 정박되어 있는 쉐 케트 예트 마을이 내려다보인다.
좌우 어느 쪽을 보나 저 멀리 수평선까지 수많은 불탑이 솟아 있고, 배에서
나오는 반짝이는 불빛이 박명의 하늘을 꿰뚫는다. 이처럼 장엄한 광경을 보
고 있으면 만달레이의 때묻지 않은 아름다움을 찬양한 키플링의 심정에 백
퍼센트 공감할 것이다. 그리고 시의 후렴구에도. "만달레이로 돌아오라…"

ⓘ 여행정보 ···

유람선으로 바간에서 만달레이까지 강을 거슬러 올라가는 데는 나흘이 걸리고, 만달레이에서 바간까지 강을
따라 내려오는 데는 사흘이 걸린다. 8월에는 북쪽에 있는 바모Bhamo까지 가는 12일짜리 투어프로그램이 있
다. 유람선은 오리엔트 익스프레스 그룹Orient Express Group 소유로 음식, 서비스, 숙박시설 등이 모두 최고급
수준이다. 양곤까지는 방콕Bankok이나 싱가포르Singapore에서 비행기로 가면 된다. 양곤에서 바간, 만달레이
까지 가는 항공편도 많다. 양곤의 좋은 숙소로는 과거 총독관저였다가 호텔이 된 건물을 추천한다. 미국 달러
는 원활히 소통되지만 신용카드는 양곤에서만 사용할 수 있다.

유람선 '만달레이 가는 길'

사가잉 언덕의 불상

우유니 소금사막Salar de Uyuni만큼 깊은 경외감을 불러일으키는 지역도 드물다. 볼리비아 알티플라노Altiplano 고원 남서쪽 사막지대에 위치하는데 황량하기 이를 데 없는데다 접근하기도 만만치가 않다. 그곳까지 이어지는 포장도로도 없다. 그러므로 지상 최대의 소금사막, 우유니를 탐험하려면 사륜구동 차와 함께 '모험심'은 필수다. 장엄한 사하마 국립공원Parque Nacional Sajama의 화산 봉우리, 과거 모습을 그대로 간직한 아이마라Aymara 인디언 마을, 지평선 끝까지 뻗어 있는 광활한 소금사막… 영원히 계속될 것 같은 소금사막 위를 차를 타고 달릴 때의 스릴은 이루다 말할 수 없다.

볼리비아 여행의 시작점은 세계에서 가장 높은 곳에 위치한 수도 라파스La Paz다. 안데스 산맥의 6,000미터 고봉들로 둘러싸여 있는 라파스는 해발 3,600미터라는 아찔한 고도에 위치해 있다. 이를 실감하는 데는 그리 오랜 시간이 걸리지 않는다. 라파스 공항에 도착하자마자 산소부족으로 호흡이 거칠어지기 때문이다. 여행을 시작하기 전에 우선 라파스에서 하루나 이틀쯤 머무는 것이 좋다. 몸이 낯선 풍토에 적응한 뒤 본격적인 여행에 나서는 것이 바람직하기 때문이다. 그리고 라파스는 그만한 시간을 투자할 만큼 충분히 가치가 있는 도시다. 언제

사하마 산, 볼리비아의 최고봉으로 6,549미터이다

사하마 국립공원으로 향하는 자동차

사하마 국립공원의 라마

나 활기가 넘치며 볼거리와 즐길 거리가 많아 한시도 따분할 틈이 없다. 곳곳에 흥미진진한 시장이며 문화 유적이 있고 축제도 연중 끊이지 않는다. 게다가 만년설로 덮인 주변의 고봉들은 장엄함을 뿜낸다.

우유니 소금사막으로 가는 방법은 몇 가지가 있지만 사하마 국립공원을 경유하는 방법을 추천한다. 사하마 국립공원은 사람들의 왕래가 비교적 적은 숨은 보석 같은 곳으로 라파스의 남서쪽, 칠레와의 국경 근처에 위치하고 있다. 공원 입구까지는 아스팔트로 포장이 되어 있지만 네다섯 시간은 운전을 해야 닿을 수 있는 거리다. 가는 길은 이따금씩 작은 마을만 만날 수 있을 뿐 전체적으로 황량한 분위기다. 마을 위쪽에서는 진흙벽돌로 만든 오래된 인디언 무덤들이 마을을 내려다보고 있다. 경외감을 불러일으키는 광활하고 황량한 볼리비아의 풍경을 느낄 수 있는 드라이브 코스다.

사하마 마을을 향해 당나귀를 몰고 가는 인디언 여인들

국립공원의 이름은 볼리비아의 최고봉인 6,549미터의 사하마 화산에서 딴 것이다. 워낙 외진 곳에 있다 보니 홀로 우뚝 솟아 있는 모양새다. 봉우리에는 만년설이 두껍게 덮여 있고 화산활동으로 검게 그을린 비탈이 알티플라노 사막을 향해 가파르게 치닫는다. '산을 좀 탄다'는 사람도 가이드를 대동하고 정상까지 오르는데 이틀 정도가 걸린다. 기질이 담대한 아이마라 족과 케추아Quechua 족에게 사하마 산은 매우 신성한 대상이다. 지나치게 오만하여 창조주 와이라코차Waracocha에 의해 참수형을 당했다는 신화 속 존재 무루아타Muruata의 머리를 상징한다는 믿음 때문이다.

화산 아래 위치한 사하마 마을에는 진흙벽돌로 만든 집들이 옹기종기 모여 있다. 밝은 녹색, 흰색, 노란색 등으로 칠을 한 집이 많은데 먼지투성이 사막 풍경에 변화를 주고 싶었나 보다. 마을에서 차를 몰고 강 건너 지열이 분출되는 계곡으로 가보자. 뜨거운 간헐온

천과 진흙 웅덩이들이 모두 부글부글 끓고 있다. 여기저기 웅덩이와 개울에서 증기가 올라와 자욱한 풍경이 마치 전쟁터를 연상시킨다. 하지만 우리를 공격하는 적은 유황가스뿐이다. 운이 좋으면 황혼녘 사하마 산 뒤로 보름달이 떠오르는 모습을 볼 수도 있다. 눈앞의 풍경이 은빛으로 둘러싸여 환상적인 분위기를 연출한다.

다음 마을인 사바야Sabaya까지 가려면 아침 일찍 출발해 사람이 거의 다니지 않는 길을 따라 차를 몰아야 한다. 칠레와의 국경 옆으로 난 길로 마코야Macoya 산과 투누파Tunupa 산을 지난다. 험한 길이긴 하지만 여기저기서 가끔씩 모습을 드러내는 야생동물이 있어 나름 재미있는 코스다. 소심하고 변덕스러운 비쿠냐vicuna 무리가 초원을 배회하는 모습도 종종 볼 수 있다. 낙타과에 속하는 이 짐승은 남아메리카 안데스 산맥 고지대에서 서식하는 라마의 일종이다. 애초 개체수가 많지 않았던데다 1970년대까지는 값비싼 털 때문에 마구잡이로 사냥을 당해 거의 멸종위기였다. 하지만 이후 안데스 산맥 보호노력 덕분에 개체수가 과거 수준으로 회복되었다.

살라르 데 코이파사를 달리는 차

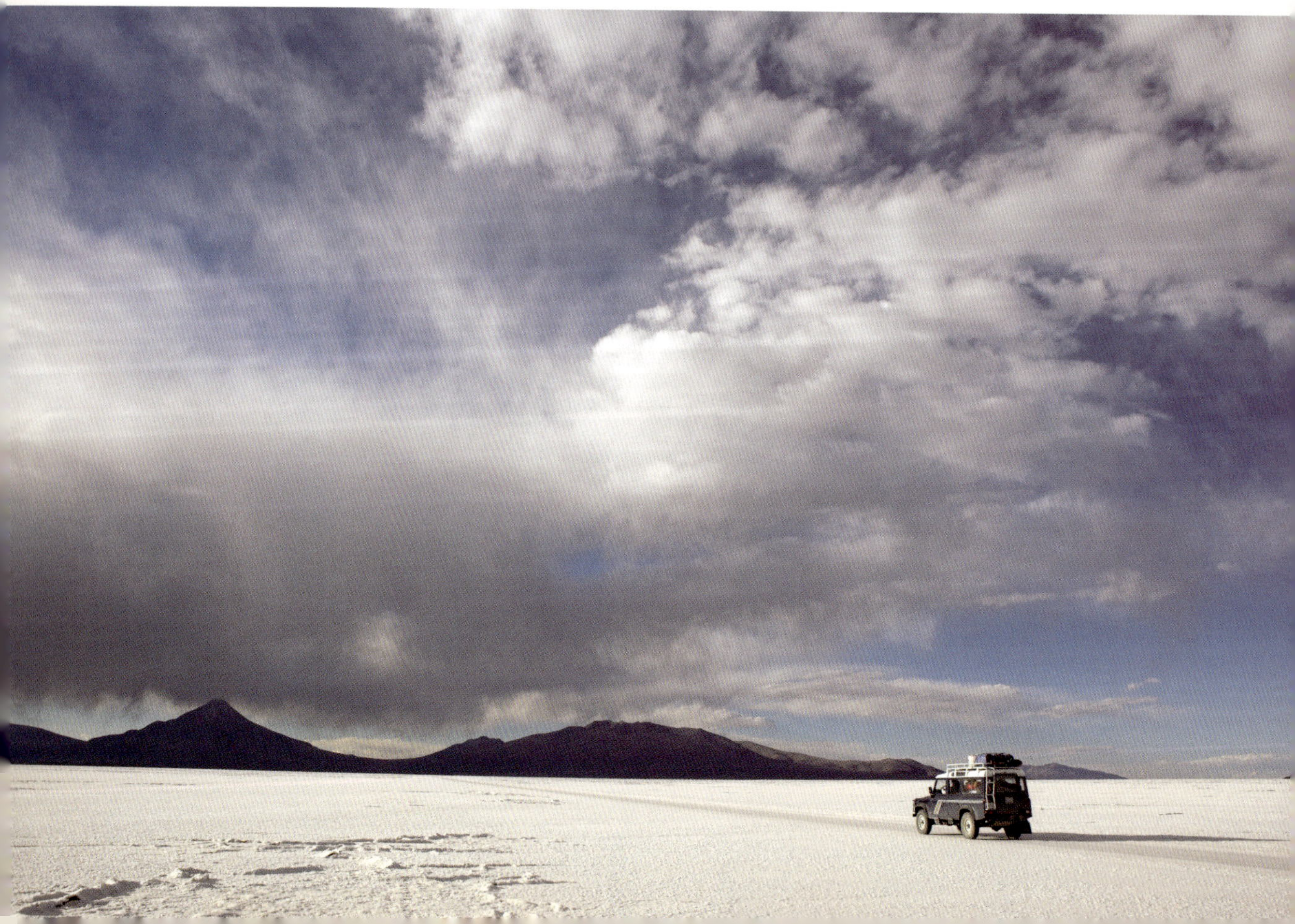

드넓게 펼쳐진 우유니 소금사막

관광객들이 다니는 길에서 잠시 벗어나 사바야 마을의 일방통행로를 따라 달려보자. 몇 킬로미터쯤 가면 코이파사 소금사막Salar de Coipasa이 나온다. 우유니 다음으로 넓은 소금사막으로 연안에 있는 수십 개의 섬이 자랑거리다. 초록색과 갈색의 땅을 뒤로 한 채 새하얀 소금 위로 내달리는 일이 쉽지만은 않다. 오히려 상당히 겁나고 내키지 않는 일이다. 길이야 나 있지만 멀리 보이는 산 말고는 도대체 앞에 보이는 것이 없기 때문이다. 만약 광장공포증이라도 있다면 매우 공포스러운 지역일 것이다. 드넓은 소금벌판 위에는 소금이 뭉쳐져 만들어진 육각형 문양이 이리저리 퍼져 있다. 차바퀴가 그 위에 닿을 때면 오도독오도독 밟히는 소리가 난다. 그 때문에 표면이 고르지 못하다는 인상을 받는다. 코이파사 소금사막의 표면은 우유니보다도 불안정하므로 지정된 자동차도로에서 벗어나고픈 유혹을 단호히 물리쳐야 한다. 이처럼 시작은 불안하지만 속력을 올려 소금사막 위를 달리는 일은 무척 신나는 일이 될 것이다.

드라이브를 즐기며 달리다보면 마침내 소금벌판에서 벗어나 이카Llica에 도착한다. 우유니 소금사막 북서쪽에 위치한 마을이다. 칠레 국경을 오가는 불법무역으로 짭짤한 부수입을 올리는 이카는 이곳 사람들 표현으로 '최근 뜨는 마을'이다. 그 때문인지 최근 인구가 급속히 늘고 있다. 우유니 외곽에서 하룻밤을 보낸다면 이카도 훌륭한 후보지다.

소금사막 입구에는 다소 생뚱맞다 싶은 군대 검문소가 있다. 다음날 아침 이곳에서 검

언덕에 올라 우유니 소금사막의 일몰을 조망하는 모습

문을 받고 나면 새하얀 벌판을 향해 내달릴 일만 남는다. 살라르 데 우유니는 약 4만 년 전 이곳에 있었던 민친Minchin이라는 거대한 호수의 일부다. 호수의 물이 모두 증발해 소금 결정만 남아 두껍게 퇴적되면서 소금사막이 되었다. 약 12,000제곱킬로미터가 소금으로 뒤덮여 있으며, 폭은 130킬로미터가 넘는다. 드넓은 벌판의 중간쯤 가면 주변을 360도로 조망할 수 있는 장소들이 나온다. 어느 방향으로 고개를 돌려도 기복 없이 평평한 소금벌판이 펼쳐지는데, '귀가 먹먹할 정도의 고요'란 것이 어떤 것인지를 뼛속까지 실감할 수 있다. 벌판 위를 달리다보면 이따금씩 선인장으로 뒤덮인 섬이 나타난다. 우주선을 타고 가다 보는 신기루처럼 앞에서 아른아른 빛난다. 그 중 하나를 골라 위로 올라가보자. 어디서든 숨이 멎을 것 같은 풍경을 감상할 수 있다.

오루로 근처 푸포 호수 너머로 태양이 지는 모습

ⓘ **여행정보** ⋯⋯⋯⋯⋯⋯⋯⋯⋯⋯⋯⋯⋯⋯⋯⋯⋯⋯⋯⋯⋯⋯⋯⋯⋯⋯⋯⋯⋯⋯⋯⋯⋯⋯⋯⋯

우유니 마을에 사무실을 둔 몇몇 회사가 3일 내지 4일짜리 일반 투어프로그램을 진행하고 있다. 하지만 일정이 좀 짧은 감이 없지 않다. 라파스에 있는 전문 여행사들 가운데 한 곳을 골라 자신만의 맞춤여행을 계획해보자. 예를 들어 앤디언 서미츠Andean Summits 같은 곳이다. 원한다면 여유를 갖고 차분하게 살펴볼 수도 있고 도중에 사하마 국립공원 같은 곳을 방문하는 융통성 있는 일정을 계획할 수도 있다. 충분히 살펴보려면 최소 1주일은 필요하다. 소금사막을 통과한 뒤 곧장 칠레로 가는 투어프로그램도 있다. 라파스를 비롯한 남부 지역 대도시에는 어디나 우유니로 가는 버스가 있다. 오루로Oruro까지 버스로 간 다음, 느리지만 운치가 있는 기차를 타고 우유니까지 갈 수도 있다. 우유니 주변 여행은 대체로 속도가 느릴 수밖에 없다는 사실을 염두에 둬야 한다. 대부분 비포장도로이기 때문이다. 숙소도 아주 기초적인 수준이다.

동남아시아의 정취에 빠지다

싱가포르~방콕

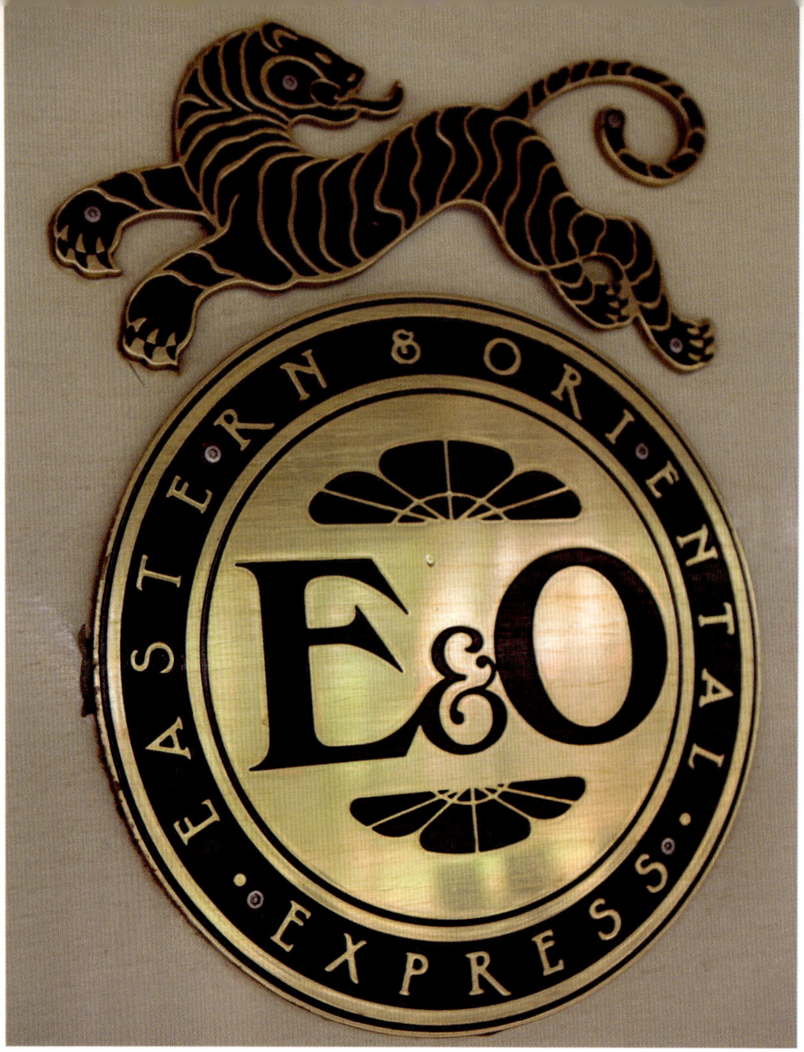

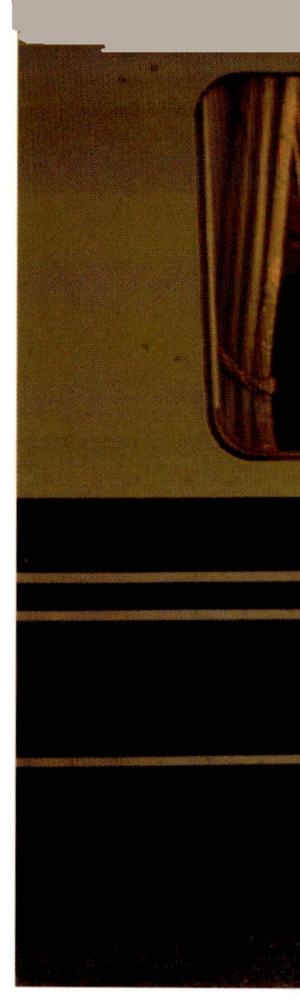

싱가포르, 말레이시아, 태국의 열대우림지대와 벼농사지대, 석회암 단층지대 등을 통과하며 북쪽으로 구불구불 이어진 길을 달리는 이스턴 & 오리엔탈 익스프레스Eastern & Oriental Express 열차는 마치 덩치 큰 타임머신과 같다. 금세 이국적인 기차여행이 로맨틱한 호사로 여겨졌던 과거로 우리를 데려다줄 것이다.

싱가포르에서 출발한 열차는 3일에 걸쳐 역사적으로 의미가 깊은 2,030킬로미터의 노선을 달린다. 말레이시아의 저지대를 지나 수도 쿠알라룸푸르Kuala Lumpur를 거쳐 태국 국경을 넘는다. 이어 열차는 방콕Bangkok 인근에서 우회하여 유명한 콰이Kwai 강의 다리를 건넌다. 콰이 강의 다리는 제2차 세계대전 당시 잊지 못할 사건들이 벌어졌던 역사적인 현장이다.

싱가포르는 초고층 빌딩들이 위용을 자랑하는 화려한 도시이자 중요한 항구이며, 중국 · 말레이시아 · 인도 문화가 뒤섞여 있는 아시아 문화의 도가니이다. 본격적인 기차여행을 시작하기 전 하루나 이틀 정도를 보내는 것이 아깝지 않은 곳이다. 열차의 출발지는 케펠로드Keppel Road에 있는 탄종파가Tanjong Pagar 역이다. 탄종파가 역은 분명 싱가포르 영토에 있는데

열차 안에서 식사하는 모습, 쿠알라룸푸르 역

말레이시아 철도회사 KTM에서 관할하는 묘한 곳이기도 하다. 역과 철로가 있는 땅을 말레이시아에서 999년 동안 임대했기 때문이다. 이스턴&오리엔탈 익스프레스 체험은 탄종파가 역에 도착하는 순간부터 시작된다. 짐꾼이 다가와 짐을 들어주고 수속을 돕는 직원이 세련된 분위기의 객실까지 직접 안내를 한다. 그리고 얼굴에서 미소가 떠나지 않는 객실 승무원이 다가와 칵테일 한 잔을 권한 뒤 객실생활에 익숙해질 수 있도록 편안한 분위기를 유도한다. 승객을 반기는 것은 직원들 뿐만이 아니다. 칸막이가 있는 객실, 자단 紫檀으로 만든 가구, 화려하게 장식한 램프 등이 아직은 모든 것이 낯선 여행자를 따뜻하게 맞아준다. 객실생활에 익숙해지면 안락함을 떨치고 일어나기가 쉽지 않을 정도다. 마냥 에어컨이 돌아가는 객실에 앉아 창밖으로 스쳐 지나가는 바깥세상을 구경하고 싶어질지도 모른다.

쉽진 않겠지만 안락한 객실의 유혹을 물리치고 열차 뒤에 있는 야외 관람용 차량으로 나가보자. 이곳에서 누릴 수 있는 기분좋은 전망기회를 놓친다

케펠로드를 떠나다, 객실 안 풍경

면 평생 후회할 것이다. 기차가 말레이시아와 싱가포르 사이의 조호르Johor 해협을 건너면서 창밖 풍경은 확 달라진다. 싱가포르에서 보이던 콘크리트 건물들이 금세 시야에서 사라지고 짙푸른 빛깔에 이파리가 넓은 식물들로 뒤덮인 열대우림이 펼쳐진다. 선로 대부분이 단선으로 되어 있어 주변 식물과 열차와의 거리가 매우 가깝다. 쿠알라룸푸르를 향해 달리는 이 구간에서는 특히 그렇다. 열차가 이리저리 길을 누비는 동안 식물이 객차

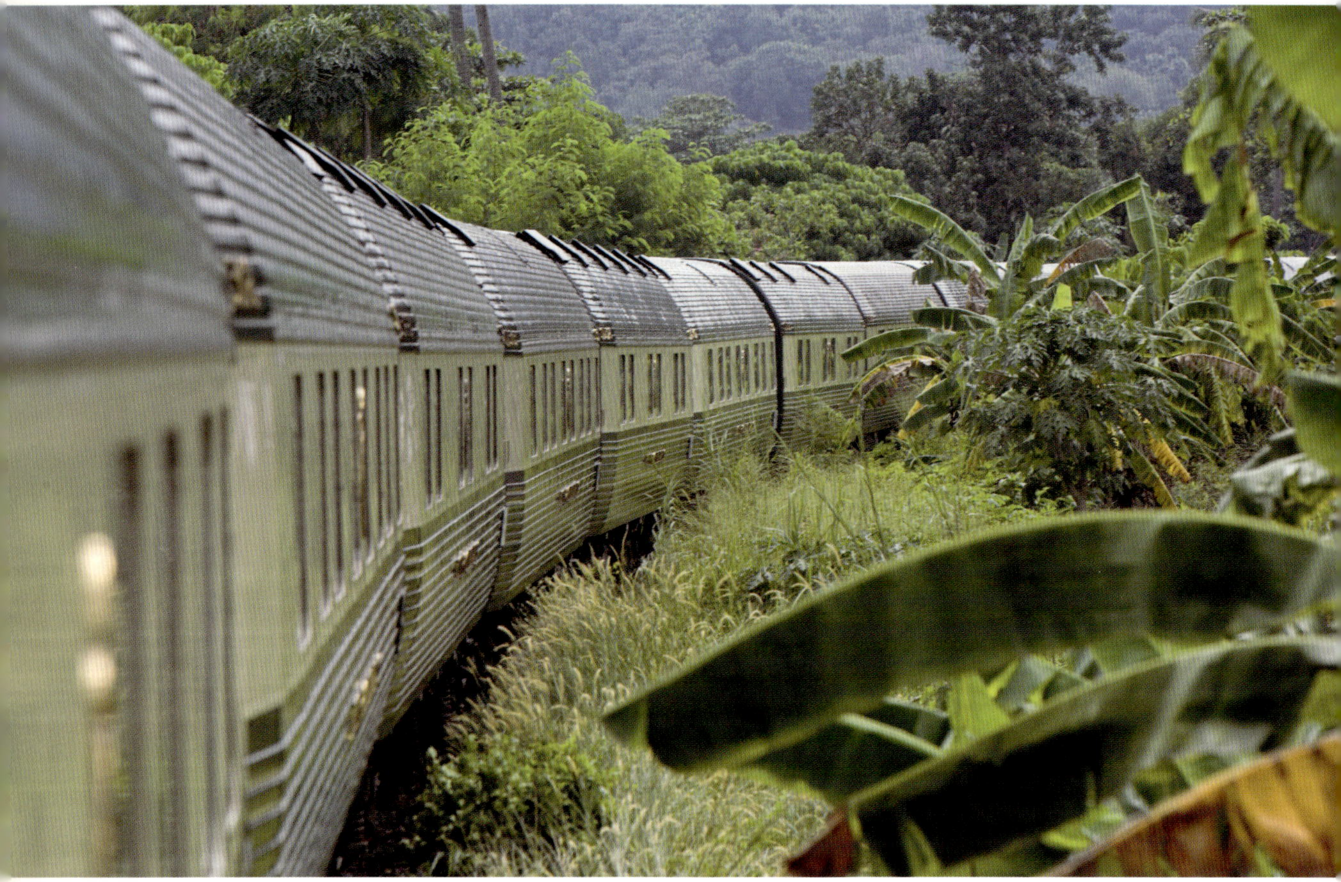

풀이 무성한 태국의 풍경 속을 누비며 지나가는 열차

의 양쪽을 에워쌀 정도로 가까울 때도 있다. 상쾌한 초저녁쯤 기차는 말레이시아의 수도에 멈춘다. 잠시 기차에서 내려 88층의 페트로나스 트윈타워Petronas Twin Tower를 재빨리 둘러보자. 452미터인 트윈타워는 연결된 건물로는 세계 최고 높이를 자랑한다.

다시 기차에 오르면 처음으로 식사가 나온다. 어디에 내놔도 손색이 없는 훌륭한 식사

다. 너무 맛있어서 데이트니 다이어트니 하는 것은 깡그리 잊어버릴 정도다. 종종 현지 고유음식들을 내놓는데 눈으로는 창밖으로 빠르게 스쳐가는 동남아시아의 풍경을 보며 입으로는 동남아시아의 맛을 음미하는 것도 나름 묘미가 있다. 호화로운 식당차에서 세련된 옷차림은 기본이다. 마치 타임머신을 타고 호화로운 철도여행의 전성기로 돌아간 느낌이다. 물론 여기에 피아노 연주가 빠질 수는 없다. 피아니스트는 재즈와 모던클래식 음악을 적절히 섞어가며 감미롭게 연주를 한다. 이스턴&오리엔탈 익스프레스가 덜커덕 소리를 내며 말레이반도를 주파하는 동안, 승객들은 그 밤을 감미로운 피아노 연주에 맞춰 춤을 추며 보낸다.

　기차는 멈추지 않고 엄청난 속도로 달린다. 둘째 날 아침, 햇살 속에 눈을 떴을 즈음 주변은 온통 물이다. 철로가 호수의 아주 좁은 제방 위를 지나고 있기 때문이다. 낮이 되면 벼를 심은 무논이 반짝반짝 빛을 발한다. 얼마나 넓게 펼쳐져 있는지 영원히 끝나지 않을 것만 같다. 삼삼오오 무리를 지은 일꾼들이 몸을 굽힌 채 모내기를 하거나 피를 뽑고 있다. 한쪽에서는 소가 끄는 나무쟁기를 잡고 이쪽 끝에서 저쪽 끝까지 논바닥을 지루하게 오가는 이들도 보인다. 열차가 건널목을 지날 때마다 지역 주민들의 해맑은 모습도 볼 수 있다. 모터달린 자전거를 탄 주민 수십 명이 건널목에서 기차가 지나가기를 기다리다가 승객과 눈이라도 마주치면 특유의 환한 미소를 지어 보인다. 저절로 친밀감이 느껴지는 순간이다.

　말레이시아 북단에 도착할 무렵 열차는 안다만 Andaman 해 연안 버터워스Butterworth 쪽으로 방향을 튼다. 피낭Pinang 섬과 식민지 시대 말레이시아의 수도였던 항구도시 조지타운George Town에 들러 잠시 관광을 하기 위해서다. 한때 동인도회사 소유의 영국인 정착지였던 조지타운은 이제 떠들썩한 상업도시로 탈바꿈했다. 버터워스에서 페리를 타고 15분이면 조지타운에 도착한다. 도시를 둘러보는 가장 좋은 교통수단은 두말할 것 없이 3륜 자전거다. 열심히 페달을 밟으면 원하는 어떤 곳으로든 갈 수가 있다.

자전거를 끌고 철로 옆을 지나는 모습, 태국

철로가 지나가는 많은 구간에서 벼를 심은 논을 볼 수 있다

　다시 출발한 열차는 석회암 단층 지대를 통과한다. 그리고 바다 위로 우뚝 솟은 바위섬들을 보며 신기해하다 보면 열차는 어느새 태국 국경지대로 접어든다. 수평선 너머로 태양이 질 무렵 전망용 야외 객차로 나가보자. 무성한 초목 사이로 난 철길을 따라 기차가 달리는 동안 반짝반짝 빛나는 황금빛 저녁놀을 만끽할 수 있다. 태국 국경은 세관절차를 위해 잠깐 멈추는 것 빼고는 금세 지나쳐버린다. 우리가 살짝 흔들리는 객실에서 잠을 자는 동안에도 이스턴&오리엔탈 익스프레스는 북쪽 칸차나부리Kanchanaburi를 향해 빠른 속도로 질주한다. 칸차나부리는 콰이강의 다리로 이어지는 선로와의 연결점이 있는 지역이다.

　콰이강의 다리는 1942년 일본이 전쟁포로를 동원해 건설한 철도용 다리로 악명 높은 미얀마-태국 연결 철도의 핵심 구간이었다. 철로 건설 도중 수만 명의 전쟁 포로와 현지인들이 더위와 굶주림, 질병 등으로 죽어 '죽음의 다리'라고 불리기도 했다. 연합군 입장에서는 일본의 병력 및 물자수송로 차단을 위해 반드시 없애야 하는 다리였다. 때문에 연합군의 파괴와 일본군의 복구가 수차례 거듭되는 비운을 겪었다. 다리가 완전히 파괴된 것은 1944년이며 전쟁 후 원래보다 약간 상류에 재건되었다. 피에르 불레Pierre Boulle의 동명 소설을 바탕으로 데이비드 린David Lean 감독이 〈콰이강의 다리〉라는 영화를 만들면서 세계적으로 유명해졌다. 인근 반린창Ban Lin Chang에는 태국-버마철로센터Thailand-Burma Railway Centre라는 박물관이 있다. 철로건설 과정에 얽힌 가슴 아픈 이야기가 담긴 감동적인 공간이니 꼭 들러보도록 하자.

　콰이 강을 떠난 지 얼마 안 되어 열차는 덜커덕거리는 굉음과 함께 방콕 외곽으로 접어든다. 철로변에 있는 판잣집들이 어찌나 가까운지 손을 내밀면 닿을 것 같다. 불야성 같은 도시 방콕에서 하룻밤을 보내며 동남아시아의 중심지를 관통하는 철도여행의 마지막을 장식해보자. 밤을 모르는 도시의 휘황찬란한 불빛 아래서 그간의 감동을 곰곰이 되새겨보는 것도 색다른 경험이 될 것이다.

ⓘ 여행정보 ··

이스턴&오리엔탈 익스프레스는 특급열차로 유명한 오리엔트 익스프레스 사에서 운영한다. 싱가포르와 방콕 사이를 운행하는 열차가 있고, 태국 북부 치앙마이Chiang Mai까지 가는 열차가 있다. 방콕까지는 58시간이 소요되며 기차에서 이틀 밤을 보내야 한다. 소요시간은 다른 기차의 통과, 철로 상태, 날씨 등에 따라 달라질 수 있다. 기차는 방콕에서 싱가포르 방향으로도 운행한다. 국유철도공사에서도 같은 노선을 운행하지만 이스턴&오리엔탈 익스프레스에서 제공하는 각종 편의시설이 전혀 제공되지 않는다. 20여 개의 항공사가 싱가포르까지 항공편을 운항한다.

이스턴&오리엔탈 익스프레스가 콰이강의 다리를 건너는 모습

라 루타 마야La Ruta Maya는 중앙아메리카에서 꽃피었던 마야문명의 찬란한 문화와 신비로운 역사를 굽이굽이 더듬어 가는 여정이다. 이 길에서 우리는 정글 위로 피라미드 신전이 우뚝 솟은 고혹적인 폐허도시를 만나고, 세계에서 가장 아름다운 호수를 만나고, 지금도 마야인의 보금자리가 되고 있는 크고 작은 마을과 도시를 만날 수 있다.

온두라스 코판 유적지의 구기장 위로 밝아오는 여명

흥미진진한 마야문명의 역사는 1,500여 년 전으로 거슬러 올라간다. 하지만 '마야일주로'라는 뜻의 라 루타 마야는 최근에 생겨난 것이다. 중앙아메리카에 흩어져 있는 고대 마야문명의 흔적을 찾아 떠나는 관광객의 여정을 쉽게 하는 것이 주목적이다. 즉, 마야문명의 흔적을 공유하고 있는 멕시코, 과테말라, 벨리즈, 온두라스에 있는 마야 유적지를 둘러보는 여행을 말한다. 그러나 정해진 이동경로나 목적지가 있는 것은 아니다. 각자의 일정과 기호를 고려해 계획을 세우면 그만이다. 도로와 철도를 이용해 이삼일 사이에 후딱 돌아볼 수도 있고 몇 주에 걸쳐 여행할 수도 있다. 선택하기 나름이라지만 놓치면 안 되는 장소들이 있다. 고대도시 유적인 팔렝케Palenque, 티칼Tikal, 코판Copán과 아름다운 식민도시 산 크리스토발 데 라스 카사스San Cristobal de las Casas, 그리고 장대한 아티틀란Atitlan 호숫가에 띄엄띄엄 자리 잡은 활기찬 마야인 마을 등이다.

과테말라 산티아고 아티틀란의 소녀들

마야문명은 AD 400년경부터 발전하기 시작해 이삼백 년 뒤 절정에 이른다. 그러나 이후 10세기 말까지 급격한 쇠퇴의 길을 걸었다. 붕괴의 원인은 아직까지 명확하지 않다. 전성기에 마야문명은 지구상에서 가장 세련되고 정교한 문명 중 하나였다. 정확한 천문관측을 통해서 '역의 순환Calendar Round'이라는 복잡하고 정교한 역법을 만들어내기도 했다. 마야인은 위풍당당한 사원이 중앙에 자리한 위대한 도시들을 건설했고 먼 지역에 사는 타민족과 무역을 했다. 중국인과도 무역을 했던 것으로 추정된다. 하지만 그들이 열대우림이라는 '파라다이스'에서 목가풍의 평화로운 삶을 영위했다고 생각하면 오산이다. 그들은 신의 진노를 가라앉히고 욕구를 채워주기 위해 사람을 제물로 바쳤고, 경쟁 도시끼리 피비린내 나는 전투를 벌였다. 도시들 사이의 전투는 문명이 발전할수록 오히려 치열해졌다.

정해진 경로가 없으므로 어디서든 여행을 시작할 수 있다. 하지만 안개

분주한 마야 시장, 아티틀란 호수 근처 솔롤라 ▶

치아파스 사파티스타 민족해방군 지도자 마르코스 사령관을 본뜬 인형

자욱한 열대우림의 끝자락, 치아파스Chiapas 산맥 기슭에 자리 잡은 팔렝케
는 일주를 시작하기에 안성맞춤이다. 여러 고대도시 중에서도 특히 아름답
다는 찬사를 받는 곳이다. 그만큼 빼어난 건축물들을 선보인다. 장문의 비문
이 새겨진 묘비, 궁전에서 발견된 우아한 흰색 탑, 사원 꼭대기에 설치된 정
교하게 조각된 닫집 등이 대표적이다. 비문의 신전 안으로 들어가 팔렝케의
지도자, 파칼Pacal 왕의 묘실을 보자. 석관 뚜껑에는 케이폭 나무와 함께 저승
으로 여행을 떠나는 왕의 마지막 여정을 묘사한 정교한 부조가 새겨져 있다.

이 지역을 찾은 사람은 누구나 치아파스 고원 위에 있는 식민도시 산 크
리스토발 데 라스 카사스에 들른다. 치아파스 주의 주도이자 마야인 공동체
의 중심지 역할을 하는 도시다. 시장에서는 전통공예품을 볼 수 있고 여성들
은 원색의 마야 전통 복장을 하고 있다. 마야인의 삶을 좀 더 깊이 들여다보
고 싶다면 주변의 마을을 방문해보자. 인근의 작은 마을 차물라Chamula도 흥
미로운 곳이다. 특히 어울리지 않게 화려한 출입문이 달린 낡아빠진 흰색 교
회건물이 눈길을 끈다. 지금은 마야 무속인들이 사용하고 있는 곳이다.

마야세계에서 가장 강력했던 도시 몇 곳이 현재의 과테말라 북부 지방에
있다. 멕시코에서 과테말라 북부로 가는 가장 좋은 방법은 유카탄 반도와 벨

리즈를 경유하는 것이다. 티칼은 화려한 과거를 자랑하는 이곳 도시 중에서
도 단연 압권이다. '라 루타 마야' 전체의 백미로 꼽을 수 있는 곳이 아닐까
싶다. 티칼은 고함을 질러대는 원숭이와 나무에서 나무로 재빠르게 이동하
는 큰부리새를 볼 수 있는 빽빽한 열대우림에 자리 잡고 있다. 말하자면 마
야세계의 '뉴욕'과 같은 존재다. 착 토 이착Chak Toh Ich'ak 같은 위대한 지배
자들이 이곳을 다스렸으며 마야세계의 중심 권력기반이었다. 마야문명 최
대의 도시 유적으로 꼽히는 티칼을 둘러보는 것은 황홀한 경험이다. 이곳에
서 하룻밤을 머무는 것도 좋다.

피라미드 신전 위로 올라가 나무가 울창한 열대우림 너머로 해가 지는 모
습을 바라보는 것도 잊지 못할 경험이 될 것이다. 자그마치 3,000여 개의 석
조 건축물이 솟아 있는 티칼에는 여섯 개의 대형 피라미드 신전이 있다. 그
중에서도 가장 큰 것은 제4호 신전으로 높이가 72미터나 된다. 가파른 계단

과테말라 치치카스테낭고 시장

산 크리스토발 데 라스 카사스, 멕시코

마야의 전통가면, 멕시코 파나하첼

을 따라 정상까지 올라가기란 여간 힘든 일이 아니다. 하지만 티칼국립공원과 광대한 열대림을 한눈에 볼 수 있다.

티칼에서 과테말라 고지대에 있는 아티틀란Atitlan 호수까지는 버스를 타거나 비행기로 이동한다. 당연한 말이겠지만 버스를 타면 오랜 시간이 걸리고, 비행기를 타면 금방 도착한다. 화산과 전통 마야인 마을로 둘러싸인 아티틀란 호수는 영국의 소설가 올더스 헉슬리Aldous Huxley가 일찍이 "세상에서 가장 아름다운 호수"라고 묘사했던 곳이다. 평온한 보트 여행을 통해 주변의 마야인 마을도 둘러볼 수 있다. 마을마다 독특한 고유 의상이 있는데 색상이 어찌나 다채롭고 화려한지 만화경萬華鏡이 따로 없다.

라 루타 마야를 따라가는 여정의 대미를 장식하기에 적격인 곳은 온두라스 북부에 있

자수로 장식한 숄

기도하는 여인, 과테말라 치치카스테낭고

는 코판 도시 유적이다. 티칼이 마야세계의 뉴욕이라면 코판은 '파리'다. 넓은 협곡의 만곡부에 위치한 코판은 놀라울 정도의 균형미를 자랑하는 사원과 마야의 선돌 조각 중 가장 뛰어난 작품들을 만날 수 있는 곳이다. 마야문명은 붕괴되었지만 현재도 현대의 마야세계와 고대 도시유적은 강한 생명력으로 사람들을 끌어들이고 있다.

ⓘ 여행정보 ·········

많은 여행사에서 라 루타 마야를 여행하는 투어프로그램을 내놓고 있다. 고대 유적에만 집중된 프로그램도 상당수 있다. 대중교통을 이용한 개별여행을 생각할 수도 있겠지만 시간낭비에 여행이 너무 길어질 우려가 있다. 따라서 투어프로그램을 적극 활용하는 것이 좋다. 대부분의 주요 유적지에는 다양한 숙소가 마련되어 있으며 7일에서 10일정도면 팔렝케, 티칼, 아티틀란, 코판 네 곳을 모두 둘러볼 수 있다.

마야 전통의식을 집전하는 교회, 멕시코 차물라

산티아고 가는 길

스페인 산티아고 데 콤포스텔라

부르고스의 순례자들

신발 끈을 단단히 조여라. 성 야고보Jacob(스페인어로는 산티아고라고 부른다)의 발자취를 따라 한 편의 서사시처럼 웅장하고, 삶을 바꿀 만큼 강렬한 성지순례를 떠날 시간이다. 무료함을 달래줄 스페인 북부의 아름다운 풍경과 유서 깊은 도시, 매혹적인 작은 마을들을 지나 야고보의 무덤이 있는 산티아고 데 콤포스텔라Santiago de Compostela로 이어진다.

산티아고 데 콤포스텔라로 가는 길은 여럿이 있으나 가장 인기 있는 것은 카미노 프란세스 Camino Francés라고 불리는 길이다. 피레네Pyrenees 산맥 아래 생장피드포르Saint-Jean-Pied-de-Port에서 시작되며 총 길이는 약 800킬로미터, 도보로 약 5주가 걸린다. 하지만 시간을 단축하고자 일부 짧은 구간을 택해 걷는 사람들도 많다. 가령 레온Léon에서 산티아고까지는 열흘이 걸린다. 전체 여정을 소화할 시간이 없는 사람들에게 위안이 되는 소식이 하나 더 있다. 어떻게든 100킬로미터 이상을 걷기만 하면 공식적인 순례자 자격이 주어진다는 사실이다. 산티아고에 도착하면 순례자 칭호가 들어간 공식 증명서를 받을 수 있다. 또한 얼마나 긴 구간을 얼마나 오래 걷느냐와 상관없이 순례자들은 모두 서로를 단단히 묶어주는 뜨거운 우정과 동

오 세브레이로에서 바라본 산악 풍경

오 세브레이로에 있는 순례자 야고보 기념비

지애를 경험한다. 호스텔에서 소박한 저녁을 함께 하며 이야기를 나누는 과정에서든, 오래 걸어 생긴 물집 치료를 도와주는 과정에서든…….

생장피드포르에서 출발해야 하는 '매혹적인' 이유가 있다. 롤란도 고개 Rolando's Pass를 향해 피레네 산맥을 오르는 흥미진진한 경험을 할 수 있기 때문이다. 이는 분명 구미가 당기는 일이면서 한편으로는 겁나는 일이기도 하다. 롤란도 고개를 넘는 과정은 체력이 좋은 사람에게도 상당히 가혹한 여정이다. 하지만 경치는 그야말로 장관이다. 초목으로 뒤덮인 목초지에 암적색과 흰색이 섞인 건물(이곳에서 생활하는 바스크Basque 족의 집이다)이 드문드문 있어 목가적인 분위기를 연출하기 때문이다. 여기에 피레네 산맥의 봉우리들과 황량한 하늘 풍경까지 어우러지면 숨이 막힐 정도다. 고개 정상에 올라 내리막길을 보면 안도의 한숨이 절로 나온다. 아래로 보이는 길은 스페인 론세스바예스Roncesvalles에 있는 수녀원으로 가는 숲길이다. 정상에는 간단한 석조 기념비와 함께 오래된 나무 십자가들이 꽂혀 있다.

저지대로 내려오면 순례로는 팜플로나Pamplona를 지나 라리오하La Rioja로

피레네 산맥을 넘는 등산길은 상당히 힘들다 ▶

이어진다. 팜플로나는 매년 열리는 성페르미누스 축제로 유명한 곳이다. 축제 때면 황소들이 거리를 질주하는 대규모 투우행사가 열리는데 언제부턴가 팜플로나의 명물로 자리매김했다. 라리오하는 스페인 최고급 와인이 생산되는 지역이다. 밤에 마시는 와인 한 잔은 순례자들에게는 좋은 진통제다. 달콤한 와인이 오랜 도보로 인한 통증을 부드럽게 어루만져줄 것이다. 라리오하 주의 주도인 로그로뇨Logroño로 들어가면 자갈로 포장된 길이 나오고, 이 길은 순례자로 입구와 순례자들을 위한 호스텔로 이어진다. 도시 서쪽에는 현대식 포장도로가 건설되어 있다. 순례로가 있는 곳의 아름답고 평온한 분위기와는 전혀 어울리지 않아 조금 아쉬움이 남기도 한다. 13세기에 세워진 산 후안 데 오르테가San Juan de Ortega 교회를 지나면 근사한 도시 부르고스Burgos가 나오고, 부르고스를 지나면 좀 더 평온한 여정으로 이어진다.

부르고스는 인상적인 고딕 성당과 강변 공원으로 유명하다. 하루쯤 머물며 이곳저곳 둘러보자. 순례로는 계속해서 오래된 시골길과 완만한 구릉을 가로지르는 길로 이어진다. 순례자들이 가슴 가득 해방감과 평온함을 느끼는 곳이 바로 이쯤일 것이다. 그러나 이어서 나타나는 레온 지방의 평야를 가로지르려면 긴장감을 늦춰서는 안 된다. 평야지대이므로 걷는 것 자체는 쉽다. 문제는 지나치게 단조로운 풍경이다. 가도 가도 끝없이 펼쳐진 들판뿐이기 때문이다. 따라서 지루함을 상쇄시킬 뭔가가 필요하다. 스스로 마음을 단단히 먹고 의지를 다지는 방법도 있겠고, 좋은 말벗을 사귀어 무료함을 달래는 방법도 있을 것이다.

어떤 이는 삶의 깊은 상처를 극복하기 위해 야고보의 순례를 따라간다. 어떤 이는 순례를 통해 새로운 삶의 방식을 모색한다. 또 다른 이에게는 순례가 바쁜 삶에서 맛보는 잠깐의 휴식이기도 하다. 바쁜 일상에서 잠시 벗어나 단순하고 소박한 삶의 방식(먹는 것, 자는 것, 걷는 것으로만 구성된 생활)으로 돌아가 여유를 즐기는 것이다. 순례에 나선 이유가 무엇이든 먼 산티아고까지 가야 한다는 목표를 오랫동안 망각하는 일은 없다. 하지만 한 발 한 발 내딛는 발걸음 자체에서는 목표가 그다지 중요하지 않다.

도중에 들러볼 만한 곳은 너무도 많지만, 10세기 레온 왕국의 수도였던

대부분의 순례자가 프랑스 생장피에드포르에서 순례를 시작한다

순례자를 반겨주는 산티아고 데 콤포스텔라 표지판

레온만큼 흥미로운 곳도 드물다. 건축 애호가라면 소도시 아스토르가Astorga 가 마음에 들 것이다. 도시 서쪽에 안토니오 가우디가 지은 주교관저가 있다. 늦은 봄이면 거대하게 솟은 코르디예라 칸타브리카Cordillera Cantábrica 산맥이 자주색 히스로 뒤덮이는 풍경을 감상할 수도 있다. 마치 자주색 융단을 깔아놓은 듯하다. 아스토르가를 빠져나오면 엘 간소El Ganso, 라바날 델 카미노Rabanal del Camino 등의 고풍스럽고 매혹적인 마을로 이어진다.

육체적으로 힘든 마지막 관문이 아직 남아 있다. 바로 오 세브레이로O Cebreiro까지 가는 길로 만만치 않은 오르막길이다. 오 세브레이로는 원뿔모양 초가지붕의 집들, 독특한 석조 호스텔, 바, 상점들로 구성된 작은 마을이다. 이곳을 지나면서부터 순례에는 탄력이 붙는다. 마을에 있는 성 야고보의 기념비도 순례자의 발걸음을 재촉한다. 처음 이 길을 갔던 성 야고보는 거친 바람을 맞으며 의연하게 서서 순례자를 격려한다. 성 야고보의 격려 속에

빌라프란카 몬테스 드 오카에 있는 성모마리아수도원

산티아고 데 콤포스텔라 성당의 영광의 문

오브라도이로 광장 건너편의 성당, 산티아고 데 콤포스텔라

순례자들이 높은 언덕을 넘어 스페인의 북서단, 외딴 곳에 위치한 갈리시아 Galicia 지방으로 들어선다.

갈리시아는 스페인에서 비교적 덜 알려진 지역이지만 평생 기억에 남을 도보여행의 마지막 단계로는 제격이다. 초목이 무성하고 인구는 적으며 강과 호수가 어우러진 지역이다. 이곳에서 흔히 나타나는 폭풍우조차도 순례자의 넘치는 의욕을 꺾지는 못한다. 그리고 마침내 콤포스텔라 성당 계단을 올라서면 감동이 물밀듯 밀려든다. 종이 울리면 매일 열리는 순례자를 위한 미사가 시작되는데 금빛으로 빛나는 성 야고보상이 먼 길을 오느라 지친 여행자들을 굽어보고 있을 것이다. 목적지까지 가는 과정이 얼마나 힘들었는가와 상관없이 모든 순례자는 이 여행을 통해 삶의 변화를 경험한다.

ⓘ **여행정보** ···

카미노 데 산티아고를 자세히 설명하고 있는 책과 지도는 많다. 스페인 관광청에서 받을 수 있는 산티아고 순례로 안내서도 좋은 자료 중에 하나다. 나이와 체력에 상관없이 모든 사람이 순례를 해내지만 미리 약간의 체력단련을 해두는 것이 좋다. 산티아고 데 콤포스텔라까지 가는 다른 순례로도 많다. 가령 카미노 델 노르테 Camino del Norte는 스페인 북쪽 해안을 가로질러 가는 길인데 역시 인기 있는 순례로다.

끝없이 펼쳐진 금빛 모래 언덕에 유목민과 낙타행렬이 보이는 풍경. 사하라 사막을 생각하면 떠오르는 이미지다. 과거에 비해 접근이 훨씬 용이해졌지만 사하라는 예나 지금이나 매혹적인 곳이다. 아프리카 북부 하이 아틀라스High Atlas 산맥을 가로질러 모로코 드라Drâa 계곡을 따라 사하라 사막으로 가보자. 4~5일 여정으로 차를 이용하기 때문에 비교적 쉬운 길일 뿐 아니라, 강을 따라 늘어선 카스바며 오아시스 마을을 경유하므로 볼거리도 많다.

사하라 사막이 모래뿐이라면 이곳엔 생명이 있을 수 없을 것이다. 하지만 북아프리카의 거칠고 메마른 지역에도 생명의 흔적은 있다. 드라 강이 공급하는 소량의 물 덕분이다. 강의 물줄기는 만년설로 덮인 하이 아틀라스 산맥에서 나와 끊길 듯 이어지며 사막 동쪽으로 물을 실어 나른다. 덕분에 강기슭에는 사막성 초목들이 제법 무성하게 자란다. 한때는 대서양까지 흘

드라 강은 계곡에 생명을 불어 넣는다, 자고라 근처

차를 타고 하이 아틀라스 산맥을 가로지른다　　　길이 난 고개로는 모로코에서 가장 높은 콜 뒤 틱카

러갔지만 요즘은 므하미드M'Hamid 마을 인근에서 사막의 모래에 먹혀버린다. 므하미드 는 높이 솟은 모래언덕을 볼 수 있는 에르그 차가가Erg Chagaga 모래벌판으로 가는 입구에 위치한 마을이다.(에르그는 물결 모양으로 펼쳐진 광대한 모래사막을 의미하며 암석 사막과 구 별해 사용한다. 특히 사하라 사막의 광활한 모래언덕 지대를 가리킨다−옮긴이)

대추야자 숲 사이에는 오래된 크수르ksour와 카스바kasbah들이 자리잡고 있다. 유목민이 었던 베르베르Berber족과 하사니Hassani족이 사는데 과거 전통이 현재도 생활의 근간을 이 룬다. 요새로 둘러싸인 성채라는 점에서는 같지만, 크수르는 공동체를 방어하기 위해 만 든 요새 마을인데 반해 카스바는 개별 가문에서 만든 경우가 많다. 둘 다 피제이pise라는 흙벽돌로 지어졌다. 수백 년이 흐르면서 많은 성채들이 허름해졌지만 독특한 분위기와

마라케시에서 우아르자자트로 가는
도로, 하이아틀라스 산맥

멋은 여전하며 살짝 부서진 벽이 오히려 멋을 더한다.

　모로코 남부의 활기찬 상업도시 마라케시Marrakech는 여행을 시작하기에 가장 좋은 장소다. 수크souk라고 불리는 이슬람 전통시장, 특히 항상 붐비는 젬마 엘 프나Jemma el Fna 중앙시장이 유명하다. 상인뿐 아니라 묘기를 보여주는 재주꾼도 많아 즐거운 곳이다. 아틀라스 산맥이 도시를 감싸고 있으며, 우아르자자트Ouarzazate 시까지 이어지는 도로가 이곳에서 출발한다. 차로 가면 네 시간이 걸린다. 출발을 하면 이내 산맥을 향해 비뚤비뚤한 오르막길을 오르는 스릴 넘치는 여정이 시작된다.

　아틀라스 산맥에서 가장 높은 해발 고도 2,260미터의 티지 느틱카Tizi n' Tichka 고개를 넘는 여정은 무척 힘들지만 신나는 드라이브 코스다. 길은 잘 포장되어 있으나 긴장을 늦출 수 없다. 가파른 급경사인데다 차량, 보행자, 동물들이 불쑥 튀어나오기 때문이다. 하지만 주변 풍경을 감상하는 것을 잊

아이트 벤하두의 카스바는 영화제작자들에게 인기가 높은 곳이다

오아시스 마을 아이트 벤하두는 봉우리가 만년설로 덮인 아틀라스 산맥 아래에 자리 잡고 있다

지는 말자. 어디로 고개를 돌려도 만년설이 쌓인 봉우리들이 눈에 들어온다.

시간적 여유가 있다면 가볼 만한 곳이 있다. 첫째는 고개 바로 너머에 있는 텔로우에트Telouet 카스바다. 간선도로를 벗어나 20킬로미터쯤 좁은 포장도로를 달려야 한다. 포장도로라고는 하지만 돌조각들이 떨어져 있어 차가 덜컹거리는 불편을 감수해야 한다. 그러나 지질학적으로 중요한 단층지대를 통과하는데 그것만으로도 충분히 가볼 만한 가치가 있다. 계곡 아래로 급격히 내려가기 때문에 주변의 다양한 풍경 변화를 경험할 수 있다. 분홍색, 빨간색부터 녹색과 까만색까지 다양한 빛깔이 스쳐간다. 텔로우에트는 대저택을 연상시키는 허물어진 카스바로 악명 높았던 글라오우이Glaoui 집안에서 지은 것이다. 19세기 말부터 20세기 중반까지 마라케시와 주변 지역을 지배했었다.

우아르자자트에서 자고라를 향해 황량한 벌판을 가로질러 가는 길

간선도로로 다시 돌아오면 드라마틱하게 꼬인 도로는 나무가 늘어선 계곡을 지나고 황량한 산기슭을 가로질러 돌투성이 평원으로 내려간다. 우아르자자트에 도착하기 전에 한 번 더 샛길로 빠져보자. 포장도로를 따라가면 아름다운 카스바 마을 아이트 벤하두Ait Benhaddou가 나온다. 섬처럼 우뚝 솟은 갈색의 커다란 암석 위에 위풍당당하게 위치한 아이트 벤하두는 무척 인상적이다. 가장자리에는 야자나무가 자라고 말라Malah 강이 주변을 에워싸며 흐른다. 그림 같은 풍경 때문인지 할리우드 영화 촬영지로 사랑을 많이

자고라 근처의 드라 계곡

무하미드에 있는 이슬람 사원

사막을 달리는 모습

받아 왔다. 〈글래디에이터〉와 〈아라비아의 로렌스〉를 비롯한 많은 영화가 이곳에서 촬영되었다.

우아르자자트는 드라 계곡과 다데스Dades 계곡으로 가는 길이 만나는 지점이긴 하지만 특별히 볼거리는 없다. 여행자 입장에서는 괜찮은 호텔이 있어 하룻밤 묵기 좋다는 것 외에 별 매력이 없는 곳이다. 여기서 자고라Zagora로 차를 달리다 보면 바위로 된 언덕들이 늘어선 구릉이 나온다. 이쯤부터 드라 강의 물이 메마른 사막에 미치는 영향을 눈으로 직접 확인할 수 있다. 사막 기후에 적응한 푸릇푸릇한 초목들이 강 주변에 녹색 띠를 만들고 있는 모습이 보인다. 도중에 많은 카스바를 지나게 되는데, 직접 들러야 할 곳과 멀리서 바라보며 감탄만 해야 할 곳을 결정하느라 진땀을 뺄 것이다.

소도시 아그즈Agdz를 막 지나면 유명한 크수르가 있는 탐노우갈트Tamnougalt 마을이 나온다. 울퉁불퉁한 절벽을 배경으로 우뚝 솟은 성벽이 멀리서도 위풍당당하다. 뽀얗게 먼지가 이는 길을 5분 정도 달리면 크수르에 도착한다. 성벽으로 둘러싸인 성채는 황폐한 모습이고 육중한 나무문을 통해 들어가면 기둥이 늘어선 뜰이 나오는데 온통 깨진 돌조각으로 뒤덮여 있

다. 근처 마을로 가면 전통의상을 입은 남자들이 당나귀를 타고 가는 모습도
볼 수 있다.

여기서도 잠깐 우회하여 들를 만한 곳이 있다. 등산을 할 시간적 여유가
있다면 탄시크트Tansikht에서 느콥Nkob까지 북동쪽으로 약 30킬로미터를 가
보자. 제벨 사로Djebel Sarho 화산과 제벨 라르트Djebel Rhart 산의 울퉁불퉁한
봉우리 사이로 난 길이다. 제벨 사로는 화산지대 특유의 색상 때문인지 어딘
지 음침한 분위기를 풍기는 반면, 홀로 떨어져 있는 제벨 라르트는 사진 속
의 한 장면처럼 정적이면서도 극적이다. 제벨 사로는 날이 추워지는 겨울이
면 등산객으로 붐비는 곳이다. 하이 아틀라스 산맥이 눈으로 덮여 등산을 할
수 없기 때문에 이곳으로 사람들이 몰리는 까닭이다.

넓은 초목지대에 위치한 자고라는 말리의 전설적인 교역중심지 팀북투
Timbuktu까지 이어지는 사하라 횡단 대상로 서쪽에 위치한다. 마을의 한쪽
끝에는 새로 페인트칠을 한 팻말이 있는데, 낙타를 타고 팀북투까지 가려면
적어도 52일이 걸린다는 내용을 담고 있다. 하지만 팀북투까지 낙타를 타고

하미드에 있는 오래된 크수르

므하미드 근처의 낙타 몰이꾼

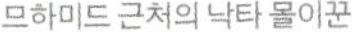

틴포우 모래언덕 위로 낙타를 타고 가는 모습

해질녘의 에르그 차가가

에르그 차가가의 높은 모래 언덕을 등반하는 사람들

진흙 벽으로 둘러싸인 카스바, 자고라 근처

모래 위의 물결 무늬, 에르그 차가가   틴포우 모래언덕의 낙타몰이꾼

가는 여행은 불가능하다. 모로코와 알제리 사이 국경이 지금도 폐쇄되어 있기 때문이다. 따라서 자고라에서 하룻밤을 보내는 편이 현명하다.

자고라를 출발해 약 30킬로미터쯤 가면 틴포우Tinfou 부근에서 제법 큰 모래언덕이 나타난다. 돌투성이 평원에 위풍당당하게 솟은 모습이 인상적이다. 근처에는 현재 호텔로 쓰이는 카스바가 있다. 푸른색의 전통의상을 입은 베르베르 족 사람들이 주변을 둘러보는 짧은 낙타여행을 주선하기도 한다. 하지만 많은 사람이 꿈꾸는 사하라의 진면모를 보

에르그 차가가 모래언덕의 일몰

에르그 차가가 야영지에서 본 새벽하늘

려면 므하미드까지 약 70킬로미터를 더 가야 한다. 중간에 나오는 작은 마을을 지나 약 60킬로미터쯤 가면 끝없이 펼쳐진 금빛 모래 언덕 에르그 차가가 나온다. 모래 언덕들 사이에서 야영을 하며 야생 낙타를 보고 사막이 들려주는 침묵의 소리를 듣고 일몰을 바라보노라면, 자신도 모르게 어느덧 사하라의 영혼 속으로 빠져들게 될 것이다.

ⓘ **여행정보**

다국적 차량렌트회사 대부분이 마라케시 공항에 사무실을 두고 있다. 어두워지기 전에 목적지에 닿을 수 있도록 움직여야 한다. 사람들, 자전거, 당나귀 수레, 다른 차량 등 때문에 밤운전은 위험하다. 우아르자자트나 자고라 같은 대도시뿐 아니라 기타 지역에도 주유소들이 있다. 하지만 계기판을 보며 계속해서 연료량을 확인해라. 특히 자고라를 지나 사하라를 향해 남쪽으로 달릴 때는 떠나기 전에 기름을 가득 채우도록 하자. 도중에 주유소가 없는 것은 아니지만 매우 드물다. 므하미드에는 사하라 서비스 Sahara Services라는 믿을 만한 여행사가 있다. 다양한 사막체험 프로그램으로 여행자를 기다리고 있다. 사륜구동 차를 타고 가는 것도 있고 낙타를 타고 산책하듯 가는 프로그램도 있다. 목적지도 다양해서 에르그 차가가뿐 아니라 다른 모래언덕으로 가는 프로그램도 있다. 직접 운전하기가 싫다면 운전수까지 포함된 3박 4일짜리 프로그램을 활용할 수도 있다. 출발지는 마라케시와 카사블랑카Casablanca다.

에르그 차가가 모래 언덕에서 본 일몰 ▶

탐험가 섀클턴의 흔적을 찾아가다

두께가 4,000미터나 되는 영구빙永久氷으로 뒤덮인 하얀 대륙. 황무지와 자연 그대로의 원시성이 남아 있는 최후의 땅. 겨울 세 달 동안은 태양이 뜨지 않고, 여름 세 달 동안은 태양이 지지 않는 곳. 포효하는 사나운 폭풍우가 휩쓸고 간 뒤에 거짓말 같은 침묵이 지배하는 세상. 남극대륙으로 가는 항해는 극한의 모험을 찾아떠나는 여정이다.

우선 이곳을 부르는 명칭은 혼란스러울 정도로 여러 가지이다. 남극, 남극권, 남극대륙, 남극반도 등. 엄밀히 말하자면 이들 용어는 지리학적으로 조금씩 다른 경계와 위치를 나타내지만, 모두 지구 남단에 있는 얼음으로 덮인 광대한 땅을 일컫는다. 몇몇 나라에 남극으로 가는 출발지점이 있지만 가장 인기 있는 곳은 우샤이아Ushaia 항구다. 아르헨티나에 속하는 파타고니

쿠베르비유 섬의 빙산에 닻을 내린 익스플로러 II호

사우스조지아 섬 솔즈베리 평원의 펭귄 서식지

사우스조지아 섬의 솔즈베리 평원으로 가는 중

아 지방의 남단에 위치하며 세계에서 가장 남쪽에 있는 도시이다.

　과거에 비해 남극 여행을 떠나는 배편이 늘어 선택의 폭이 넓어졌다. 곧장 남극으로 갔다 돌아오는 여행프로그램이 있는가 하면 도중에 이곳저곳을 들르는 아기자기한 일정도 있다. 동쪽의 포클랜드Falkland 섬과 사우스조지아South Georgia 등을 들렀다가 남서쪽의 남극 반도로 가는 방법도 있다. 포클랜드와 사우스조지아를 경유할 경우 총 6,300킬로미터를 항해하게 되는데, 기후 조건 등을 고려했을 때 약 2주가 소요된다. 훨씬 다양한 풍경을 보게 되는 것이야 두말할 필요도 없다. 항상은 아니지만 남극의 바다는 지구상에서 가장 거친 모습으로 돌변하는 곳이다. 운이 나쁘면 항해 도중 자주 그런 모습을 볼 수도 있다. 배가 좌우상하로 요동치는 상황에서 항해를 할 수도 있다는 사실을 염두에 둬야 한다.

사우스조지아 골드하버에서 이른 새벽 보초를 서고 있는 킹펭귄

자고 있는 킹펭귄

익스플로러Explorer II호를 타면 우샤이아 항구를 출발한 뒤 비글해협Beagle Channel을 지나 드레이크 해협Drake Passage으로 이동한다. 비글해협 주변은 산이 많은 파타고니아 본토와 점점이 이어진 섬들 사이를 이리저리 누비는 코스다. 그리고 드레이크 해협은 까다롭고 힘들기로 악명 높은 곳이다. 모든 것은 순전히 운에 맡기는 수밖에 없다. 운이 좋으면 배가 가볍게 요동치는 정도로 이곳을 빠져나갈 수도 있을 것이다.

하루하고 반나절을 바다에서 보내고 나면 포클랜드 제도에 있는 스탠리Stanley 항에 닿는다. 다양한 색깔의 집과 웅장한 크라이스트 처치 성당Christ Church Cathedral이 눈에 들어온다. 배에 실려 있는 조디악Zodiac 보트를 타고 조금만 가면 부두에 도착할 수 있다. 포클랜드 제도는 1982년 영국과 아르헨티나가 통치권을 놓고 싸움을 벌여 세계적인 관심을 모았던 곳이다. 전투가 벌어졌던 많은 지역에 당시의 흔적이 남아 있다. 남극항해에 나선 여행자들이 처음으로 펭귄을 볼 수 있는 곳이기도 하다. 펭귄 서식지는 부두에서 사륜구동 차를 타고 산허리를 가로질러 한참을 가야 나온다.

저녁에는 다시 사우스조지아를 향해 출발하여 스코샤Scotia 해를 건너는 이틀간의 여정을 시작한다. 드레이크 해협만큼 악명 높지는 않지만 이곳 해역도 마찬가지로 거칠다. 대부분의 승객이 감지할 수 있을 만큼 커다란 파도가 치곤 한다. 바다가 잔잔할 때는 고물에 서서 수많은 바다새가 하늘을 나는 매혹적인 광경을 감상해보자. 배를 계속해서 따라오는 알바트로스도 있다. 게다가 처음으로 빙산을 보았을 때의 감동은 형언할 수 없을 정도다. 고래를 처음 봤을 때나 이를 능가하는 감동을 느낄 수 있을까 싶다. 날씨가 좋다면 산이 많은 사우스조지아 섬에 도착하자마자 멋진 일출을 볼 수도 있다. 부지런을 떨어 새벽 4시에 일어날 수 있다면 말이다.

항해 전에는 대부분 여행의 하이라이트가 남극대륙일 것으로 생각한다. 하지만 여행이 끝난 뒤에는 사우스조지아 섬을 가장 좋았던 장소로 꼽는 사람이 꽤 많다. 그만큼 사우스조지아는 매혹적인 곳이다. 고립된 외딴 섬이지만 멋진 야생동물들이 섬 안에 가득하고 거칠고도 장엄한 산악풍경을 감상할 수 있다. 배는 이틀에 걸쳐 솔즈베리 평원Salisbury Plain, 골드 하버Gold Harbour, 라슨 하버Larsen Harbour, 그뤼비센Grytviken 등 사우스조지아 섬의 여러 만을 들른다. 특히 그뤼비센은 역사적인 의미가 큰 곳으로 1904년 최초

바닷가의 킹펭귄, 사우스조지아 섬 솔즈베리 평원

의 고래잡이 기지가 세워져 1960년대 중반까지 이용되었다. 또한 남극 탐험가로 유명한 어니스트 헨리 섀클턴Ernest Henry Shackleton의 마지막 안식처이기도 하다. 아일랜드 태생의 영국인 섀클턴과 사우스조지아 섬의 인연은 이뿐만이 아니다. 그는 1914년 인듀어런스Endurance 호를 타고 남극탐험 중 빙산을 만나 난파당했을 때 바로 이곳 사우스조지아 섬으로 가서 구조요청을 했었다. 당시 섀클턴과 다섯 명의 부하 선원은 6.6미터짜리 작은 구명보트 제임스 카이드James Caird를 타고 앨리펀트Elephant 섬에서 1,300킬로미터나 떨어진 이곳까지 오는 괴력을 보여주었다. 앨리펀트 섬에는 배가 좌초되어 꼼짝할 수 없는 나머지 승무원들이 있었는데, 이들은 결국 모두 무사히 구조되었다. 이후 섀클턴은 1921년 세 번째 탐험대를 이끌고 남극탐험에 나섰다가 사우스조지아 섬 앞바다에서 심장발작으로 생을 마감했다.

골드하버는 장엄한 풍경을 자랑하는 곳이다. 뒤로는 가파른 경사면의 버트랩Bertrab 빙하가 우뚝 솟은 채 푸른빛을 발하고 해변에는 말 그대로 야생 동물이 '들끓고' 있다. 수천 마리의 킹펭귄과 갈색 털이 있는 킹펭귄 새끼, 거대한 코끼리바다표범을 비롯해 여러 종류의 물개가 다른 목소리와 색깔을 지닌 채 해변에 활기를 불어넣는다. 조디악 보트에서 내려 상륙할 때, 야생 동물 다큐멘터리 속으로 들어가는 것 같은 착각이 들 정도다. 강력한 수컷 코끼리바다표범이 경쟁상대인 다른 수컷들의 접근을 막으려고 경고성 메시지를 보내는 모습은 특히 인상적이다. 녀석은 굉음과 함께 육중한 몸을 쿵쿵

싸움 중인 웨델 바다표범

골드하버의 바다표범들은 낮 시간을 대부분 빈둥거리며 보낸다

드리갈스키 피오르드 앞쪽의 빙하, 사우스조지아 섬

디셉션 섬의 웨일러스 만에 있는 지열 온천

바다표범은 자신의 영역을 지킬 때 아주 공격적인 성향을 보인다

비상하는 알바트로스, 비글해협

사우스조지아 섬 골드하버의 일몰

호기심이 가득한 킹펭귄 새끼들

앨리펀트 섬의 포인트 와일드 전망대

야생동물이 넘쳐나는 골드하버의 해변 지대

오후에 본 겔라슈 해협

움직여 의사를 전달한다. 오후에는 히니Heaney 빙하를 지나 드리갈스키Drygalski 피오르드에 들른다. 그리고는 조디악을 타고 근처 라슨 하버에 내려 둘러보게 된다.

사우스조지아 섬을 떠나 이틀 동안 성난 바다를 항해하고 나면 앨리펀트 섬으로 가서 포인트 와일드Point Wild 전망대를 둘러볼 수 있다. 높이 솟은 바위섬으로 둘러싸인 채, 휘몰아치는 바람을 맞고 있는 모래톱을 보면 넉 달은커녕 네 시간을 있기에도 두렵다는 생각이 든다. 1914년 프랭크 와일드Frank Wild가 보여준 리더십이 그저 놀라울 뿐이다. 그는 인듀어런스 호를 타고 남극탐험에 나섰던 섀클턴의 부관으로, 나머지 대원들을 맡으라는 명령을 받고 앨리펀트 섬에 남아 구조대가 돌아오기를 기다렸다. 그는 구조대가 오기까지 앨리펀트 섬에 야영지를 마련하고 넉 달을 버텨야 했다. 대원들이 사기를 잃지 않고 버틸 수 있도록 최선을 다했고, 반드시 구조될 것이라는 믿음을 심어주었다. 이런 악조건에서 어떻게 그런 리더십을 발휘할 수 있었을까. 그저 놀라울 뿐이다. 당연한 얘기겠지만 포인트 와일드는 그의 이름을 따서 명명한 것이다.

다음 기항지는 디셉션Deception 섬으로 섬 남동쪽에 '넵튠의 돌풍Neptune's Bellows'이라고 불리는 해협이 있다. 배는 이 해협을 지나 물에 잠긴 화산 분화구 지대로 들어선다. 화산 잿더미로 만들어진 해변에는 과거 헥터Hektor 고래잡이 기지가 있었다. 해변에는 증기를 뿜어내는 따뜻한 물웅덩이가 여기저기 흩어져 있다. 밑에서 올라오는 지열 때문에 일종

사우스조지아의 일출

의 온천이 형성된 것이다. 몇몇 대담한 여행객들은 여기서 수영을 하기도 한다.

밤새 익스플로러 II호는 빙산으로 뒤덮인 아름다운 겔라슈Gerlache 해협을 통과하여 쿠베르비유Cuverville 섬으로 향한다. 이곳은 수천 마리에 이르는 젠투 펭귄Gentoo Penguin들의 보금자리다. 이어서 배는 남극반도에 있는 네코 하버Neko Harbour에 도착한다. 여기서 남극 대륙에 발을 내딛는 평생 잊을 수 없는 순간을 맞이하게 된다. 눈부시게 아름다운 얼음으로 덮인 만과 푸른 빙산을 머금은 잔잔한 수면. 누가 뭐래도 남극이 지구에서 가장 멋지고 때 묻지 않은 대륙이라는 것을 공감할 수 있을 것이다. 마지막으로 아쉬움을 가득 안은 채 다시 드레이크 해협을 지나 우샤이아로 돌아오는 항해가 이어진다. 아마 우샤이아로 돌아오자마자 떠나온 얼음세계를 간절히 그리워하게 될 것이다.

ⓘ 여행정보 ···

애버크롬비&켄트 사를 통해 익스플로러 II호 승선권을 예매할 수 있다. 익스플로러 II호는 남극대륙으로 항해하는 서른 대의 선박 중 하나다. 우샤이아는 아르헨티나의 부에노스아이레스Buenos Aires나 칠레의 산티아고Santiago에서 비행기를 타고 갈 수 있다. 애버크롬비&켄트 사에 의뢰하면 항공권도 예매해준다. 방한복을 충분히 챙겨야 한다. 익스플로러 II호 탑승 승객에게는 따뜻한 방수 재킷을 제공한다. 조디악을 타고 내릴 때는 옷이 젖게 되므로 부츠도 반드시 챙기자. 야생동물이 가까이 있을 때를 위한 행동요령은 배 안에서 교육을 받는다. 일정과 항구 방문 계획은 날씨에 따라 변할 수 있으므로 융통성 있는 마음자세가 필요하다.

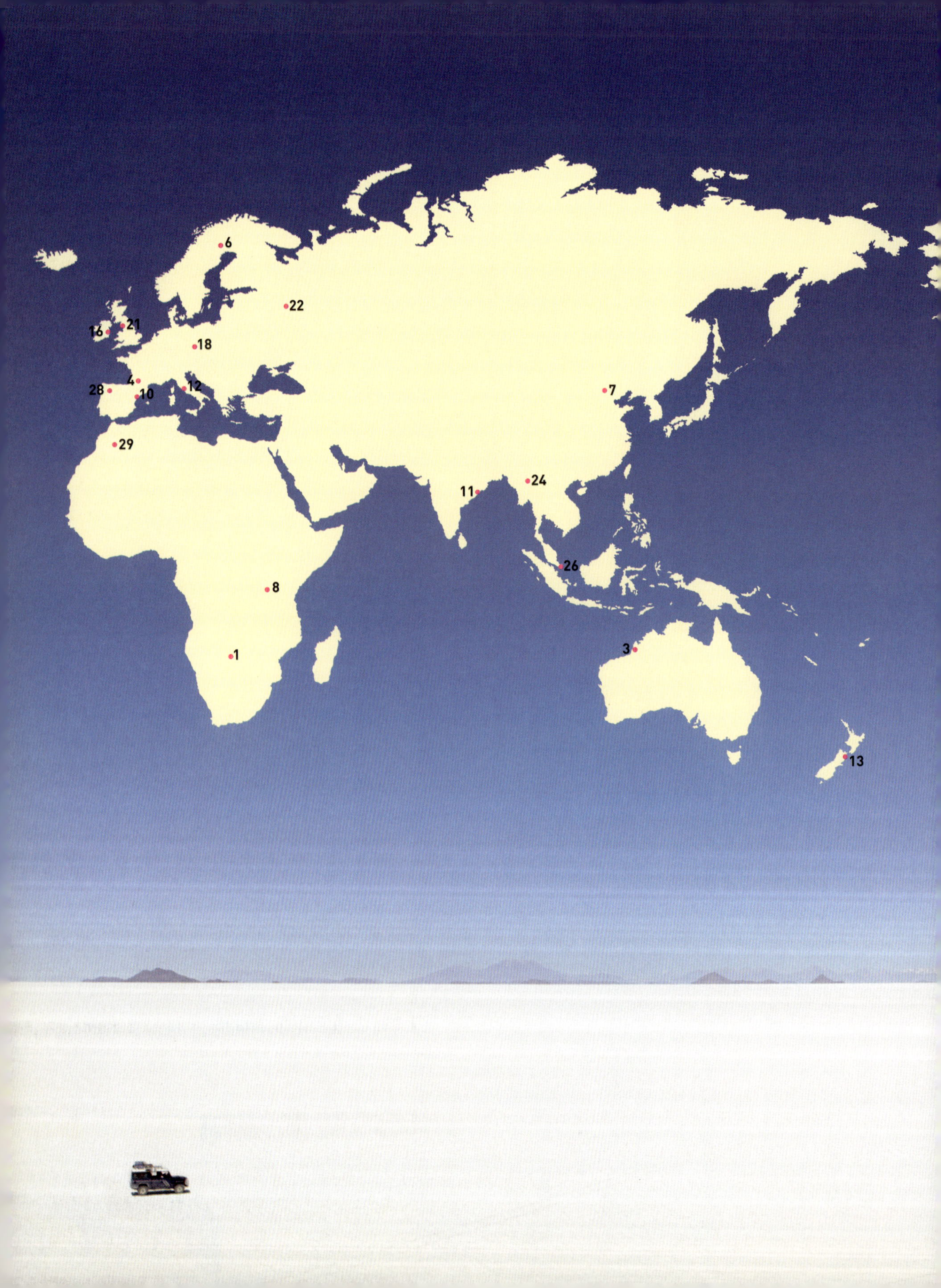

6
22
21
16
18
28
4
10
12
29
7
8
11
24
26
1
3
13

9
17
23
5
15
14
27
19
25
20
2
30
1 보츠와나, 오카방고 삼각주
2 아르헨티나, 파타고니아
3 오스트레일리아, 킴벌리
4 프랑스, 미디 운하
HISTORIC ROUTE 66
5 미국, 애리조나
6 스웨덴, 라플란드
7 베이징~사마르칸트
8 르완다, 볼캉국립공원
9 캐나다, 유콘 강
10 스페인, 바르셀로나
11 인도, 오리사
12 이탈리아, 로마~베네치아
13 뉴질랜드, 말보로
14 바하마, 엑서마 제도
15 멕시코, 치아파스
16 아일랜드 위클로
17 캐나다, 처칠
18 체코, 프라하
19 코스타리카, 파쿠아레~니코야
20 칠레, 푸에르트 몬트
21 영국, 호수지역
22 모스크바~베이징
23 미국, 뉴잉글랜드
24 미얀마, 아예야르와디 강
25 볼리비아, 알티플라노 고원
26 싱가포르~방콕
27 멕시코~온두라스
28 스페인, 산티아고 데 콤포스텔라
29 모로코, 드라 계곡
30 남극대륙

국제 항공사

캐나다 항공 Air Canada
www.aircanada.com

영국 항공 British Airways
www.ba.com

콴타스 항공 Qantas
www.qantas.com

스칸디나비아 항공 Scandinavian
Airlines
www.sas.se

말 타고 즐기는 사파리, 보츠와나

아프리칸 호스백 사파리
www.africanhorseback.com
Tel:+267 686 3154

만년설 위를 걷다, 아르헨티나

오이킬 비아제스
www.oykilviajes.com.ar
Tel:+54 11 4700 0020

저니 라틴 아메리카
www.journeylatinamerica.co.uk
Tel:+44 (0)20 8747 8315

산타 크루스-파타고니아 투어리즘
www.santacruz.gov.ar

아트 호텔, 부에노스 아이레스
www.arthotel.com.ar
Tel:+54 11 4821 6248

오텔 포사다 로스 알라모스 엘 칼라파테
www.posadalosalamos.com
Tel:+54 02902 491 144

깁 강 로드 자동차 여행, 오스트레일리아

웨스턴 오스트레일리아 주 투어리즘
www.westernaustralia.com
Tel:+61 8 9262 1700

헤르츠-브룸 공항
www.hertz.com
Tel:+61 8 9292 1428

바지선 타고 떠나는 운하 여행, 프랑스

프랑스 관광청
www.franceguide.com

아메리칸 드림의 상징 66번 도로, 미국

애리조나 주 관광청
www.arizonaguide.com

순록의 대이동을 따라가다, 스웨덴

벡비사렌 패스파인더 라플란드
www.pathfinderlapland.se
Tel:+46 970 555 60

네이처스 베스트
www.naturensbasta.se
Tel:+46 647 660 025

스웨덴 여행 관광청
www.visit-sweden.com

키루나 · 라플란드 관광청
www.lappland.se

호텔 빈터팔라트세트, 키루나
Tel:+46 980 67770

매혹의 실크로드를 달리다, 중국 · 우즈베키스탄

중국 관광청
www.cnto.org

우즈베키스탄 관광청
www.uzbektourism.uz

멸종위기의 마운틴고릴라, 르완다

디스커버리 이니셔티브스
www.discoveryinitiatives.co.uk
Tel:+44 (0)1285 643333

골드러셔의 꿈을 좇아가다, 캐나다

유콘 주 관광청
www.touryukon.com

카누피플
www.kanoepeople.com
Tel:+1 186 668 4899

가우디의 천재성에 흠뻑 빠지다, 스페인

스페인 관광청
www.spain.info

생명력 넘치는 오리사 부족 탐험, 인도

도브 투어
www.dovetours.com
Tel:+91 674 254 7175

인도 관광청
www.incredibleindia.org

대형 범선에 몸을 싣고, 이탈리아

스타 클리퍼 (영국 예매처)
www.starclippers.co.uk
Tel:+44 (0)1473 292029

스타 클리퍼 (기타 지역 예매처)
www.starclippers.com

Tel:+377 9797 8400(유럽)
Tel:+1 305 442 0550(미국)

해협을 따라가는 꿈같은 와인 기행, 뉴질랜드

뉴질랜드 관광청
www.newzealand.com

카약 타고 눈부신 산호섬으로, 바하마

바하마 관광청
www.bahamas.co.uk

스타피시
www.kayakbahamas.com
Tel:+242 336 3033

피스&플랜티 호텔, 조지타운
ww.peaceandplenty.com
Tel:+242 336 2551

코브레 협곡을 달리는 체페 기차, 멕시코

멕시코 관광청
www.visitmexico.com

치와와 주 관광청
www.coppercanyon-mexico.com
Tel:+011 52 1410 1077

체페 철도
www.chepe.com.mx

호텔 샌프란시스코, 치와와
www.hotelsanfrancisco.com.mx
Tel:+54 614 415 1199
Tel:1 800 226 966

오텔 디비사데로 바란카스, 디비사데로
www.hoteldivisadero.com
Tel:+52 614 415 1199
Tel:1 800 226 9661(미국에서 무료)

오텔 포사다 델 히달고, 엘 푸에르테
www.hotelposadadelhidalgo.com
Tel:+52 698 893 0242

더디 가서 좋은 마차 여행, 아일랜드

클리스만 호스 카라반
www.clissmann.com/wicklow/
Tel:+353 404 48188

아이리시 페리
www.irishferries.com
Tel+44 (0)8705 171717

아일랜드 관광청
www.tourismireland.com

북극곰들의 얼음 왕국, 캐나다

디스커버 더 월드

www.discovertheworld.co.uk
Tel:+44 (0)1737 218 800

허드슨 베이 헬리콥터
www.hudsonbayheli.com
Tel:+1 204 675 2576

처칠 모텔, 처칠
Tel:+1 204 675 8853

포트 게리 호텔, 위니펙
www.fortgarryhotel.com
Tel:+1 204 942 8251
Tel:+1 800 665 8088(무료)

보헤미안의 발자취를 찾아서, 체코
톰슨플라이 항공
www.thomsonfly.com
Tel:+44 (0)870 1900 737

호텔 클럽
www.hotelclub.com

자연과의 짜릿한 승부, 코스타리카
코스트투코스트 어드벤처
www.ctocadventures.com
Tel:+506 280 8054

파타고니아의 피요르드를 누비다, 칠레
나비맥 호
www.navimag.org

워즈워스와 함께 하는 도보여행, 영국
컴브리아 관광정보
www.golakes.co.uk

대륙을 달리다-몽골횡단열차, 러시아 · 몽골 · 중국
트랜스 사이베리언-러시안
익스피어리언스
www.trans-siberian.co.uk

중국 관광청
www.cnto.org

울긋불긋 눈부신 가을 단풍 속으로, 미국
뉴햄프셔 주 여행관광청
www.visitnh.gov

버몬트 관광경영청
www.travel-vermont.com

포울리지 네트워크
www.foliagenetwrok.com

만달레이로 돌아오라, 미얀마
오리엔트 익스프레스
ww.orient-express.com

Tel:+44 (0)845 077 2222(영국)

거버너스 레지스던스 호텔, 양곤
www.pansea.com
Tel:+95 1 229 860

신비의 우유니 소금사막, 볼리비아
앤디언 서미츠, 라파스
www.andeansummits.com
Tel:+591 2 242 2106

동남아시아의 정취에 빠지다, 싱가포르 · 태국
오리엔트 익스프레스
www.orient-express.com
Tel:+44 (0)845 077 2222(영국)

마야 일주로 탐험, 멕시코 · 온두라스
멕시코 관광청
www.visitmexico.com

과테말라 관광청
www.visitguatemala.com

온두라스 관광청
www.lesgohonduras.com

산티아고 가는 길, 스페인
스페인 관광청
www.spain.info

사하라 사막 자동차 여행, 모로코
모로코 관광청
www.visitmorocco.com

베스트 모로코
www.morocco-travel.com
Tel:+44 (0)1380 828533

사하라 서비스
www.saharaservices.info
Tel:+212 (0)61 776766

탐험가 섀클턴의 흔적을 찾아가다, 남극대륙
애버크롬비&캔트
www.abercrombiekent.co.uk
Tel:+44 (0)845 0070 600